Jörg Vierke

Zwergbuntbarsche im Aquarium

Ihre Pflege und Zucht

Kosmos · Gesellschaft der Naturfreunde
Franckh'sche Verlagshandlung · Stuttgart

Umschlag von Edgar Dambacher unter Verwendung einer Aufnahme von Burkard Kahl
Das Bild zeigt Gelbe Zwergbuntbarsche *(Apistogramma reitzigi)*
Mit 25 Farbfotos von F. Fröhlich (1), H. Jung (2), J. Vierke (18), B. Kahl (4) und 2 Zeichnungen von S. Haag und B. Kahl

CIP-Kurztitelaufnahme der Deutschen Bibliothek

Vierke, Jörg
Zwergbuntbarsche im Aquarium : ihre Pflege u.
Zucht. – 1. Aufl. – Stuttgart :
Franckh, 1977.
(Das Vivarium)
ISBN 3-440-04445-9

Franckh'sche Verlagshandlung, W. Keller & Co., Stuttgart / 1977

LH 14 Ste / ISBN 3-440-04445-9 / Printed in Italy / Imprimé en Italie
Satzherstellung: Konrad Triltsch, Würzburg
Druck und buchbinderische Verarbeitung: Editoria S. N. C. di G. A. Benvenuto & C., Trento (Italien)

Zwergbuntbarsche im Aquarium

Einführung

Die Beschäftigung mit Buntbarschen ist fesselnd und manchmal herrlich aufregend. Es müssen nicht die großen, oft pflanzenfeindlichen und stark wühlenden Arten sein. Gerade die Zwergcichliden, die man in jedem Gesellschaftsaquarium pflegen kann, sind ideale Zierfische für den Aquarianer, der von seinen Tieren interessante Verhaltensweisen erwartet. Zwergbuntbarsche werden uns nie langweilen! Neben Fischen wie den prächtigen Königscichliden, die auch dem Anfänger bei der Haltung und Zucht die ersten Erfolgserlebnisse vermitteln können, gibt es unter ihnen auch Fische, die selbst einen langjährigen Kenner dieser Fischgruppe vor Probleme stellen.
Das Buch soll den Leser mit den Pflege- und Zuchtansprüchen der verschiedenen Zwergcichliden bekannt machen. Darüber hinaus habe ich so weit wie möglich versucht, Hinweise zur Art- und Geschlechtsunterscheidung zu geben. Wer den Namen seines Pfleglings nicht kennt, kann sich nicht über ihn informieren, und wer die Geschlechter seiner Zwergcichliden nicht zu unterscheiden versteht, kann ebenfalls böse Überraschungen erleben. Ich habe das Aussehen der Tiere nur so weit beschrieben, wie es zur Unterscheidung von anderen Arten oder zur Geschlechtsbestimmung notwendig erschien. Auf die trockene Darstellung von Flossenformeln und Schuppenzahlen habe ich bewußt verzichtet. Die zahlreichen Farbfotos werden nicht nur eine zusätzliche Bestimmungshilfe sein. Ich hoffe, sie werden mithelfen, den Kreis der Zwergcichlidenfreunde zu vergrößern.

Was sind Zwergcichliden?

Diese Frage ist nicht leicht zu beantworten. Bei den Zwergcichliden handelt es sich nicht um eine durch die Systematik oder die Verbreitung fest begrenzte Gruppe. Ursprünglich galt die Bezeichnung Zwergbuntbarsch nur für den farbenprächtigen *Apistogramma agassizii* aus Südamerika. Später wurde sie auf die übrigen *Apistogramma*-Arten ausgedehnt. Heute meint man damit alle kleiner bleibenden Buntbarsche ohne Rücksicht auf ihre Herkunft oder ihre systematische Stellung.
Buntbarsche sind als schöne und besonders vom Fortpflanzungsverhalten her als besonders interessante Fische bekannt. Andererseits haben Cichliden jedoch den Ruf, sie würden ihr Aquarium auf die ihnen genehme Weise selbst umgestalten – ein Charakterzug, der den Aquarianern begreiflicherweise nicht sonderlich sympathisch ist. Die Zwergcichliden heben sich in dieser Hinsicht in

deutlicher Weise von ihren größeren Vettern ab. Die Pflanzen werden fast ausnahmslos völlig in Ruhe gelassen.
Zwergbuntbarsche sind also ideale Fische für das gut bepflanzte und schön eingerichtete Gesellschaftsaquarium. Im Gegensatz zu den größer werdenden Cichliden vertragen sich Zwergcichliden gut mit anderen Beckenbewohnern. Wie später noch gezeigt werden soll, ist es vielfach sogar empfehlenswert, ihnen noch andere Fische zuzugesellen.
Um nun auf die eingangs gestellte Frage zurückzukommen! Unter Zwergcichliden sollen hier kleine Buntbarsche verstanden werden, die aufgrund ihres Verhaltens ohne weiteres in gut bepflanzten Gesellschaftsbecken gehalten werden können. Die hier beschriebenen Arten bleiben im Normalfall kleiner als zehn Zentimeter, zumeist wesentlich kleiner. Natürlich können in diesem Rahmen nicht alle in Frage kommenden Arten gleichermaßen ausführlich besprochen werden, und so habe ich mich auf die beschränkt, die regelmäßig angeboten werden und die mir aus verschiedenen Gründen besonders empfehlenswert erscheinen.

Das Namensproblem

Der Namenswirrwarr bei den Zwergcichliden ist kaum zu durchdringen. Beispielsweise ist es mehr als irreführend, wenn ein und dieselbe Art im Deutschen wahlweise als Buntschwanz-Zwergbuntbarsch, Keilschwanz-Zwergbuntbarsch, Gelber Zwergbuntbarsch, Agassiz'-Zwergbuntbarsch, Schlanker Zwergbuntbarsch oder nur als Zwergbuntbarsch bezeichnet wird! Ich habe diese Bezeichnungen für *Apistogramma agassizii,* die noch um den Namen Spatenschwanz-Zwergbuntbarsch „bereichert" werden könnten, alle aus gängigen Aquarienbüchern herausgesucht. Der Name Gelber Zwergbuntbarsch wird überdies aber auch noch für *Apistogramma reitzigi* und *A. pleurotaenia* benutzt! Gut, kann man sagen, um diese Schwierigkeiten zu umgehen, gebraucht man die wissenschaftlichen Namen. Mit ihnen ist international eindeutig festgelegt, wie die Tiere heißen. Das ist richtig. Nur werden die Namen aus Gründen, die hier nicht weiter zu besprechen sind, vielfach geändert. Ich habe versucht, hier die neueste Namensgebung zu benutzen.
Mit Sicherheit stimmen viele heute noch gebräuchliche Artbezeichnungen nicht. Viele der aus Südamerika importierten *Apistogramma*-Arten laufen unter falschem Namen, so mancher ist nur von Spezialisten zu bestimmen, und sehr viele warten noch auf ihre Erstbeschreibung. Gerade die Bestimmung dieser Arten ist eine Kunst für sich. Sie sehen sich oft sehr ähnlich.

Zum Verhalten der Zwergcichliden

Es ist schlechterdings unmöglich, in diesem Rahmen auch nur einen Überblick über die vielfältigen Verhaltensweisen der Zwergcichliden zu geben. Ich will mich hier auf die Verhaltensweisen beschränken, die zum Bereich der Fortpflanzung gehören.

Das Revierverhalten ist bei den allermeisten Cichliden fester Bestandteil des Fortpflanzungsverhaltens. Wenn unsere Zwergcichliden im Aquarium beginnen, Reviere zu errichten und zu verteidigen, können wir annehmen, daß die Eiablage bevorsteht. Vielfach sind die Farben revierverteidigender Fische deutlich intensiver als vorher. Was die Größe des Reviers, die Dauer der Revierbildung und die Beteiligung der Geschlechter am Revier betrifft, gibt es innerhalb der Zwergcichliden die unterschiedlichsten Erscheinungsformen.

Beim Schmetterlingsbuntbarsch *(Apistogramma ramirezi)* erkennen wir, daß beide Eltern ein möglichst großes Revier um ihren Laichplatz verteidigen. Seine Größe hängt im Aquarium von mehreren Faktoren ab: von der Größe der Fische, vom Grad der individuell, aber auch von anderen Faktoren abhängigen, sehr unterschiedlich ausgeprägten Aggressivität und von der Gliederung des Raumes. Letzteres beobachtet man auch bei anderen Fischen: Wenn ein Aquarium aus der Sicht der Fische unübersichtlich durch Pflanzen, Steine und Wurzelwerk gegliedert ist, sind sie mit kleineren Revieren zufrieden. Ist dagegen die ganze Weite des Aquariums voll zu überblicken, werden riesige Territorien gebildet.

Wenn die Jungen schlüpfen, verteidigen die Eltern als Territorium einen Raum um die Nachkommenschaft. In großen Aquarien beobachtet man, daß die Alttiere mit den Jungen das Brutrevier verlassen und nun quer durch das Aquarium wandern. So werden immer neue Nahrungsquellen erschlossen. Vielfach sind es allerdings nicht die Eltern, die die Führung

Bild 1: Zwergcichliden beim Maulkampf – Zeichnung: B. Kahl

übernommen haben, sondern die Jungen. Die Alten folgen dem Schwarm und verteidigen einen möglichst großen Raum um die Kinder. Diese Verhältnisse, die nur in großen Aquarien zu beobachten sind und die auch für andere Cichliden zutreffen, dürften dem Verhalten in der Natur gewiß am nächsten kommen. Ein Revier ist also der als Privatgebiet verteidigte Umraum um den Laichplatz, um Laich, Larven und Junge. Im letzten Fall braucht ein Revier örtlich nicht festgelegt zu sein, es kann wandern.

Anders sind die Verhältnisse bei den Maulbrütern der Gattung *Pseudocrenilabrus* (früher *Hemihaplochromis*). Die Männchen bilden kurzzeitig kleine Ablaichreviere. Nach dem Ablaichen verläßt das Weibchen den Laichplatz mit den Eiern im Maul. Erst wenn die im Maul ausgebrüteten Jungen nach etwa zwei Wochen erstmals das Maul der Mutter verlassen wollen, sucht sich die Alte einen ruhigen Platz, an dem die Nachkommenschaft freigelassen wird. Die Jungen müssen ein hervorragendes Ortsgedächtnis haben. Jedenfalls sollen sie, die sich auf der Futtersuche weitflächig verstreuen können, sich bei Gefahr immer wieder an ihrer ursprünglichen Freilassungsstelle einfinden. Dort steht dann auch die Mutter bereit, um sie in das schutzbietende Maul aufzunehmen. Bei diesen Fischen gibt es also getrennte Reviere für den Vater und für die Mutter mit den Kindern.

Bei *Apistogramma borellii* und einigen anderen *Apistogramma*-Arten finden wir ebenfalls komplizierte Revierverhältnisse. Das größere Männchen bildet ein großes Revier, in dem ein oder mehrere Weibchen ihrerseits Territorien bilden. Die Weibchen verteidigen ihre Reviere untereinander, aber auch gegen das Männchen, wenn es nicht gerade zum Ablaichen kommt. Die Betreuung des Laichs und der Jungfische ist also Sache der Mutter. Hin und wieder beobachtet man, daß einige Kinder von ihrer Mutter zum benachbarten, auch brutpflegenden Weibchen überwechseln. Sie werden anstandslos übernommen.

In kleineren *Apistogramma*-Zuchtaquarien können die Raumansprüche der Mütter so groß sein, daß für das Oberrevier des Vaters kein Platz mehr bleibt. In diesen Fällen bringen die Weibchen nach der Eiablage oft ihre vielfach doppelt so großen Männer um.

Wir erkennen, daß das Revierverhalten eng mit dem Sozial- und dem Brutpflegeverhalten verknüpft ist. Im folgenden will ich dem Zwergcichlidenfreund einige Einteilungsschemata zum Verhalten der Arten geben.

Man kann die Tiere nach dem Grad ihrer Verwandtschaft ordnen wie es die Systematiker machen, man kann aber auch andere Einteilungsprinzipien verwenden. Auch eine Einteilung nach der Art ihres Fortpflanzungsverhaltens kann uns neue Erkenntnisse vermitteln.

Schon früh unterteilte man die Cichliden in Substratbrüter und in Maulbrüter. Zu den Maulbrütern unter den Zwergcichliden können wir im wesentlichen *Pseudocrenilabrus*-Arten und die Grundelbuntbarsche zählen. Alle übrigen Zwergcichliden kleben die Eier an ein Substrat und pflegen sie dort bis zum

Schlupf. Von Substratlaichern könnte man hier zwar auch sprechen, aber das träfe auch für die Maulbrüter zu, die – zumindest bei den Zwergcichliden – ihre Eier ausnahmslos auf einem Substrat ablegen, also auf dem Boden einer Sand- oder Kiesgrube oder an einem Stein.

Ein besseres Einteilungsprinzip ist die Unterteilung zwischen Offen- und Versteckbrütern. Zu den Offenbrütern gehören die Fische, die ihre Eier zumeist recht frei und gegen Sicht weitgehend ungeschützt auf Steinen, Wurzeln oder Blättern ablegen. Die Versteckbrüter legen ihre Eier dagegen in Höhlen ab oder nehmen sie als Maulbrüter sofort auf.

Diese Unterteilung erscheint auf den ersten Blick weit hergeholt, zeigt aber doch interessante Beziehungen. Auffallend ist, daß die Offenbrüter eine besonders große Zahl kleiner, tarnfarbener Eier legen, die von beiden Eltern bewacht werden. Die Versteckbrüter legen dagegen deutlich weniger Eier, die zudem größer und meist recht auffallend gefärbt sind und vielfach nur noch von einem Elternteil betreut werden.

Höhlenbrüter sind oft sehr schmal gebaut, und besonders der jungebetreuende Elternteil – in diesen Fällen ist es immer die Mutter – ist oft recht klein. Das Elterntier kann in die Höhle schlüpfen, die Jungen betreuen und sich bei Gefahr dort ebenfalls verbergen. Der Vater dagegen, der in Eifersuchts- und Abwehrkämpfe gegen ins Revier eindringende Laichfeinde verstrickt ist, ist vorteilhafterweise möglichst groß. So kommt es zum Geschlechtsdimorphismus, dem unterschiedlichen Aussehen der beiden Geschlechter.

Wieso unterscheiden sich die Eier der Offenbrüter in Zahl, Größe und Farbe so stark von denen der Versteckbrüter? Das hat nichts mit verwandtschaftlichen Beziehungen zu tun. Die Höhe der Eiproduktion zeigt den Grad der Gefährdung der Brut an. Um den Bestand auf gleicher Stärke zu halten, werden in der Natur von den Nachkommen eines Brutpaares im Mittel nur wieder zwei das Elternstadium erreichen. Alle anderen gehen vorher zugrunde. Die große Eizahl ist also ein notwendiges Übel, das die Versteckbrüter nicht nötig haben. Ihre Jungen sind weniger gefährdet. Auch die Produktion von durchsichtigem bzw. tarnfarbenem Eidotter ist ein energiekostender Luxus, den sich die Versteckbrüter nicht leisten müssen. Für sie ist auch eine stark verlängerte Entwicklungszeit der Eier tragbar, die dadurch entsteht, daß die Eier aufgrund ihrer geringeren Anzahl mit mehr Nährstoffen versorgt werden können, also somit auch größer werden. Letztlich ist auch das ein Vorteil, denn die gerade freischwimmenden Versteckbrüter haben wegen ihrer bedeutenderen Größe einen viel günstigeren Start ins Leben als die kleineren Offenbrüter.

Welche Erkenntnisse kann der Aquarianer hieraus entnehmen? Er kann es seinen Fischen ansehen, ob sie Versteck- oder Offenbrüter sind. Hochrückige Tiere, deren Geschlechtszugehörigkeit nur schwer festzustellen ist, sind meist Offenbrüter. Schlanke Fische – zumeist noch mit deutlichem Geschlechtsdimorphismus – sind Höhlenbrüter.

Die Zucht von Offenbrütern erbringt viele Jungfische, die Zucht der Versteckbrüter ist dagegen weniger produktiv. Allerdings müßte letzteres eigentlich leichter sein. Das trifft bei den Höhlenbrütern aber nicht in allen Fällen zu, da die Eier aufgrund ihrer längeren Entwicklungszeit stärker der Gefahr der Laichverpilzung ausgesetzt sind. Zum Schluß sei hier noch kurz auf die bei den Zwergcichliden vorkommenden Familienformen eingegangen.

Die Offenbrüter bilden Elternfamilien, denn die starke Gefährdung des Laichs erfordert die ständige Betreuung der Brut durch beide Eltern. Bei der Elternfamilie kann man zwei Untertypen herausstellen: die Elternfamilie im engeren Sinne, bei der beide Elterntiere völlig gleiche Aufgaben übernehmen und die daher bezeichnenderweise auch fast völlig gleich aussehen und als zweites die Vater-Mutter-Familie, in der sich bereits eine Schwerpunktverschiebung bei der Aufgabenverteilung andeutet. Dennoch übernehmen beide Partner noch regelmäßig die Brut. Zwar ist für den Beobachter schon ein Geschlechtsdimorphismus festzustellen, aber den Jungfischen dürfte das sicher nicht auffallen. Das ist wichtig. Die Jungen erkennen die Eltern angeborenermaßen an bestimmten äußerlichen Merkmalen. Dann ist es natürlich günstig, wenn ihnen für Vater und Mutter ein und dasselbe Schema angeboten werden kann.

Wenn sich ausschließlich die Mutter um die Brut kümmert, spricht man von der Mutterfamilie. Eine Mutterfamilie im engeren Sinne dürfte man im Regelfall wohl nur unter den Maulbrütern finden. Als Untertyp zur Mutterfamilie ist aber auch die Mann-Mutter-Familie anzusehen, die bei sehr vielen Zwergcichliden anzutreffen ist. Zwar kümmert sich in diesen Fällen ausschließlich die Mutter um die Brut, aber der Vater ist durch seine Revierverteidigung doch indirekt noch an der Sicherung der Nachkommenschaft beteiligt. Diese Einteilungen zu den Familientypen sind sehr schematisch; sie sind daher auch nicht nur wegen der möglichen Übergangsformen bzw. Zwischentypen mit Vorsicht zu verwenden. Nur ein Beispiel: *Apistogramma agassizii* bildet in genügend großen Aquarien zumeist eine typische Mann-Mutter-Familie. Manchmal kümmert sich das Männchen jedoch auch überhaupt nicht um sein Revier – also Mutterfamilie im engeren Sinne! Andererseits beobachtete PINTER bei dieser Art wiederholt Verhaltensweisen, die man nur noch als Vater-Mutter-Familie bezeichnen kann, und kürzlich schrieb mir Dr. FRANK, Prag, daß er beim *A. agassizii* viele Fälle kennt, in denen die Männchen allein die Brut übernahmen – Vaterfamilie! Das Beispiel zeigt, daß man bei Zwergcichliden immer wieder mit neuen Überraschungen rechnen muß und daß man schwer hereinfallen kann, wenn man sie aufgrund von wenigen Beobachtungen in ein bestimmtes Schema pressen will.

Haltung und Zucht

Die Ansprüche der einzelnen Arten und Gattungen sind derart verschieden, daß hier nur ganz allgemeine Hinweise gegeben werden können. Genaueres ist in den Gattungs- und Artbeschreibungen zu finden.
Gewöhnlich will man seine Zwergcichliden in einem Gesellschaftsaquarium halten. Man kann sie mit den allermeisten Aquarienfischen bedenkenlos zusammen pflegen, sollte aber auf die Ansprüche der Höhlenbrüter eingehen und ihnen Unterschlupfmöglichkeiten schaffen; ebenso sollte man bei vielen Arten auch auf die Wasserwerte achten.

Ich möchte hier einen Vorschlag für die Einrichtung eines Südamerika-Beckens machen, das vorzugsweise für Zwergcichliden gedacht ist. Bevor wir an die Einrichtung des Beckens gehen, sollten wir uns überlegen, ob wir unseren Fischen die notwendige Wasserqualität geben können. Das Wasser sollte möglichst weich sein: als äußerste Obergrenze würde ich 14° dGH ansehen, gut wäre es, wenn man möglichst unter 10° dGH kommen könnte. Wenn das Wasser zu hart aus der Leitung kommt, sind diese Werte nur durch einen Enthärtungsfilter oder durch das Beimischen von destilliertem Wasser zu erreichen. Mit der Verwendung von Regenwasser muß man in den meisten Gebieten sehr vorsichtig sein, da es vielfach schon stark verunreinigt zu Boden fällt.
Da das Wasser meist schwach alkalisch aus der Leitung kommt, ist ein leichtes Ansäuern des Wassers mit Torfextrakt oder anderen im Zoohandel angebotenen Mitteln zu empfehlen. Die Verwendung eines Filters ist ratsam, aber nicht unbedingt notwendig. Eine Durchlüftung sollte zumindest vorhanden sein. Unseren Regelheizer stellen wir auf etwa 25° C ein. Wenn eine teilweise Wassererneuerung nötig ist, kann das hinzugefüllte, weiche Wasser ruhig so kühl sein, daß die Beckentemperatur kurzfristig um 2 bis 3° absinkt. Das simuliert einen tropischen Wolkenbruch und regt die Lebensgeister der Fische an. Vielfach beginnen die Tiere daraufhin mit dem Laichgeschäft.
Die Beckengröße richtet sich nach dem Geldbeutel. Je größer das Aquarium ist, desto mehr Freude hat man später daran. Man sollte aber daran denken, daß die Beschaffung des Weichwassers bei großen Becken unter Umständen kompliziert und teuer wird.
Zur Bepflanzung will ich keine detaillierten Vorschläge machen. Ich halte es nicht für einen sehr großen Fehler, wenn in einem Südamerika-Becken auch die in Südasien beheimateten Cryptocorynen wachsen. Notwendig ist, daß wir den Wasserraum durch die Pflanzenanordnung, durch Wurzelwerk und Steine so gliedern, daß mehrere Nischen entstehen. Diese Gliederung, die auch schon in einem 40 cm langen Becken gut möglich ist, ist vor allem in Bodennähe wichtig, denn unsere Zwergcichliden sind fast ausschließlich bodenorientierte Tiere.

Nun muß für eine angemessene Anzahl von Höhlen gesorgt werden. Ob wir dafür Blumentöpfe oder Kokosnußschalen verwenden, ist Geschmackssache. Diese Höhlen haben jedoch den Vorteil, daß man sie notfalls bequem um ein paar Zentimeter verschieben kann, und daß man den Laich problemlos aus dem Gesellschaftsbecken herausholen kann, um ihn in einem Extrabecken künstlich auszubrüten.
In einem besonders schön und naturgerecht eingerichteten Aquarium würde man statt der Blumentöpfe und Kokosnußschalen Höhlen aus Wurzelwerk und Steinaufbauten errichten. Aber Vorsicht: Eine Kunsthöhle aus Steinen kann zusammenbrechen! Man muß wissen, daß die Tiere ihre Höhle selbst mitgestalten und vergrößern wollen. Sie wollen feinen Sand aus der Höhle herausgraben und so ihren Raum erweitern. Blumentopfhöhlen sollten ruhig teilweise im Sand vergraben sein. Die Gefahr, daß eine Steinhöhle unterwühlt wird, ist also groß. Die Steine, die die Aufbauten tragen, dürfen nicht auf Sand liegen!
Vergessen wir nicht die Offenbrüter. Ihnen legen wir einige tischtennisball- bis kinderfaustgroße flache Kiesel ins Aquarium. Wir werden sicher bald feststellen, welche Laichorte ihnen am ehesten zusagen. Auf keinen Fall dürfen kalkhaltige Steine in das Aquarium kommen! Sie würden das Wasser bald stark aufhärten. Kalk ist leicht nachzuweisen, wenn man einen Tropfen Salzsäure auf den Stein gibt: wenn die Säure aufschäumt, ist der Stein kalkhaltig und für unsere Zwecke nicht zu verwenden.
Nun zu unseren Bewohnern! Ihre Zahl hängt von der Größe des Aquariums ab. Ein gut gegliedertes Aquarium von 1 m bis 1,20 m Länge könnte zwei, sicher auch drei höhlenbrütende *Apistogramma*-Arten aufnehmen. Hier sollte aber darauf geachtet werden, daß die Fische der verschiedenen Arten wirklich gut zu unterscheiden sind. Das ist besonders bei den Weibchen nicht immer leicht. Man sollte also nicht verschiedene Arten vom *pertense*-Typ vergesellschaften. Günstig ist dagegen eine Zusammenstellung von einer *Apistogramma*-Art der schlanken Gruppe *(A. agassizii, kleei, „borellii“)* mit einer der etwas kompakter gebauten Arten (*A. reitzigi, pertense*-Typen). Beim Kauf dieser Arten nimmt man jeweils möglichst nur ein Männchen und mehrere Weibchen.
Zu Höhlenbrütern gesellen wir zwei Offenbrüter, etwa Pärchen der Arten *Aequidens curviceps* oder *A. ramirezi.* Ein derart besetztes Zwergcichliden-Becken bringt alle Voraussetzungen mit, uns Interessantes zu zeigen und uns Freude zu bereiten. Allerdings sollten wir noch einige Spritzsalmler, Beilbauchfische oder andere Salmler, die vorwiegend die oberen Wasserzonen bevorzugen, beigesellen. Zum einen beleben sie den oberen Aquarienteil; wichtiger aber ist etwas anderes: Nur unter sich gehaltene Zwergbuntbarsche sind oft sehr scheu und fliehen bei der kleinsten Bewegung vor dem Becken. Die ruhig im oberen Bereich schwimmenden Salmler geben den Zwergcichliden das Gefühl der Sicherheit nach dem Motto: Wenn die sich ungehindert tummeln können, droht uns auch keine Gefahr.

Nun noch ein Einrichtungsvorschlag für diejenigen, die nur kleine Becken haben, oder denen die Beschaffung von Weichwasser ein Problem ist: Ein kleines 20-Liter-Becken von etwa 40 cm Länge kann durchaus so eingerichtet werden, daß selbst die größten *Apistogramma*-Arten darin gehalten und gezüchtet werden können. Ich selbst habe es unter anderem mit *A. kleei* erprobt. Vielleicht werden sich nun manchem *Apistogramma*-Kenner die Haare sträuben – hört man doch immer, daß diese Tiere riesige Reviere und somit mindestens ein „Meterbecken" brauchen!

Der Besatz des Miniaquariums darf jedoch nur aus einem Männchen und ein oder zwei *Apistogramma*-Weibchen bestehen. Auf drei bis fünf Spritzsalmler sollte man, aus den oben angefügten Gründen, nicht verzichten.

Ich fülle etwa die Hälfte des Minibeckens mit gut faustgroßen, gerundeten Steinen so auf, daß zwischen den Steinen noch ein relativ großes Lückensystem bleibt. In den beiden hinteren Ecken erreichen die Steinaufbauten fast den Wasserspiegel, in den vorderen Ecken nur die halbe Beckenhöhe. Vorne und im Mittelteil des Beckens – aus Gründen der Ästhetik sollte es ruhig ein wenig seitlich versetzt sein – bleibt ein nur kleiner freier Raum, in dem noch etwas Platz für Pflanzen bleibt.

Wichtig ist, daß die Steine gut ineinander verkeilt sind, daß sie also nicht zusammenstürzen können. Der Sand – möglichst fein und kalkfrei – wird erst danach eingefüllt. Nun brauchen wir nicht zu befürchten, daß die Cichliden unsere Steinaufbauten durch Unterwühlen zum Einsturz bringen können.

In einem derartigen Kleinstbecken können die Fische sich jederzeit aus dem Wege gehen. Vor allem ist hier günstig, daß die Weibchen vor den Aggressionen ihrer Männchen sicher sind, da sie in dem Spaltensystem jederzeit in kleinsten Höhlen Zuflucht finden können, in die ihnen die größeren Männchen nicht folgen können. Ein weiterer Vorteil der Geröllbecken ist der relativ geringe Wasserverbrauch, der bei der Herstellung von Weichwasser von Wichtigkeit sein kann. Ein großer Teil des ohnehin kleinen Beckens wird ja von Steinen eingenommen.

Bitte achten Sie bei der Einrichtung eines derartigen Beckens auf zweierlei. Die Steinaufbauten müssen wirklich einsturzsicher sein. Und bedenken Sie, daß eine kleine Wassermenge sich schneller mit Abfallstoffen anreichert als eine größere. Es ist also ein wöchentlicher Nitrittest empfehlenswert und gegebenenfalls eine relativ häufige Wassererneuerung. Das ist vor allem auch deshalb wichtig, weil man an ein so kleines Becken kaum einen Filter anschließen wird. Zum Wasserwechsel brauchen wir aber auch in diesem Fall weder Dekoration, Heizung oder Fische herauszunehmen, da wir immer nur einen Teil des Wassers auswechseln. Jeweils nur ein Drittel des Wassers sollte abgezogen und erneuert werden.

Ein Afrika-Becken richten wir nach den gleichen Grundsätzen ein wie das Südamerika-Becken. Also: gute Raumgliederung durch Steine, Pflanzen und Wurzelwerk und nicht zu vergessen Bruthöhlen und Laichsteine. Wenn wir nicht gerade die aus dem Kongo stammenden *Nanochromis*-Arten unterbringen wollen, brauchen wir uns im Gegensatz zum Südamerika-Becken nicht um die Wasserhärte zu kümmern. Als Höhlenbrüter nehmen wir die herrlichen Königscichliden *(Pelvicachromis pulcher)*, die in ihrer westafrikanischen Heimat in den großen Flußläufen oft bis zum Brackwasser hin vorkommen und die daher auch härteres Wasser sehr gut vertragen.

Als Offenbrüter wäre hier als Gegenstück zum Schmetterlingsbuntbarsch der ganz ähnlich aussehende *Pelmatochromis thomasi* zu empfehlen. Ebenfalls beigesellen könnten wir den Kleinen Maulbrüter *Pseudocrenilabrus multicolor*, der für Abwechslung in unserem Becken sorgen wird. Im allgemeinen wird man diese Fische in mittelhartem Wasser halten. Dann kann man – wieder als muntere Fische der oberen Zonen – gut Celebes-Segelfische oder Regenbogenfische halten, auch wenn es sich hierbei nicht um Afrikaner handelt. Aber sie vertragen sich gut mit den genannten Afrika-Zwergcichliden und bevorzugen mittelhartes bis hartes Wasser.

Ein aufmerksamer Pfleger wird im Gesellschaftsbecken hin und wieder entdekken, daß seine Buntbarsche Laich, Larven oder schon freischwimmende Jungtiere pflegen. Aber nur in relativ dünn besiedelten Aquarien überstehen einige Jungtiere den Nachstellungen der anderen Beckenbewohner. Dann ist aber zumeist auch noch die Zufütterung mit den Larven der Salinenkrebschen *(Artemia salina)* nötig, die man dem Jungfischschwarm mit einem Schlauch zubläst. Besser ist es, die Brut in ein gesondertes Becken umzuquartieren.

Um Laich in das Aufzuchtbecken zu überführen, bringt man eine kleine, tiefe Schüssel in das Gesellschaftsaquarium, legt den mit Eiern behafteten Laichstein oder die Höhle in die Schüssel und hebt sie mit dem Stein aus dem Aquarium heraus. Entsprechend wird der Stein ins Zuchtbecken gebracht, dessen Wasser größtenteils aus dem Gesellschaftsbecken entnommen sein soll. Nun ist ein langsamer Austausch des Wassers gegen Frischwasser empfehlenswert. Den Ausströmer der Durchlüftung bringen wir möglichst nahe an das Gelege heran, so daß dem Laich ständig neues Wasser zuströmt. Die Eier sollten schräg nach unten hängen, damit die Brut sofort nach dem Ausschlüpfen zu Boden sinken kann.

Um das Verpilzen der Eier möglichst zu verhindern, geben wir eine kleine Menge Cilex in das Wasser. Andere Züchter geben lieber Methylenblau hinzu, bis sich eine leichte Blautrübung einstellt. Man sollte versuchen, verpilzte Eier – erkenntlich an der weißen Verfärbung – mit einer feinen Nadel oder einer Pinzette abzusuchen, sonst werden auch die gesunden Laichkörner angesteckt. Leider ist das Absammeln oft ein recht mühsames Unterfangen.

Beim Schlupf ergeben sich manchmal Schwierigkeiten. Das ist artweise verschieden. Besonders die *Apistogramma*-Arten geben den Larven vielfach Schlupfhilfe, indem sie so lange an den Eihüllen lutschen, bis sie aufplatzen. Das können wir nicht nachahmen, und deshalb ist es vielfach besser, wir überlassen den Eltern das Gelege bis zum Schlupf.

Wenn die Larven geschlüpft sind, trägt die Mutter sie in kleinen Gruben zusammen. Dann kann man sie leicht mit einem Schlauch absaugen und in ein separates Becken überführen. Schon freischwimmende Jungfischchen fängt man am besten nach folgender Methode: Die Kleinen sammeln sich unter der Mithilfe der Mutter bzw. der Eltern zum Übernachten in der Laichhöhle oder an einem anderen Ort. Wenn wir spät abends noch einmal die Aquarienbeleuchtung anschalten und sofort mit einem Schlauch ansaugen, können wir die Jungen noch im Halbschlaf überraschen und bequem ins Zuchtbecken überführen.
Oftmals hat man bessere Erfolge, wenn man die Zuchttiere in kleineren, etwa 50-Liter-Aquarien zum Ablaichen bringt. Bei Tieren mit Mutterfamilie, ich zähle dazu auch die Mann-Mutter-Familie, fängt man die Väter nach dem Ablaichen heraus. Wenn es geht, sollte man die Mutter auch nach dem Freischwimmen der Brut noch mit den Kleinen zusammenlassen. Zur Aufzucht können wir in allen Fällen frischgeschlüpfte Salinenkrebschen *(Artemia salina)* anbieten. *Artemia*-Nauplien sind eine gern gefressene und wachstumsfördernde Erstnahrung für alle Zwergcichliden. Die Zucht von Artemien ist einfach; mit einer Weinflasche und einem Durchlüfter gelingt sie unschwer.
Bei der Aufzucht wird viel gesündigt. Die Tiere brauchen wirklich ausreichende Mengen an Kleinstfutter und einen regelmäßigen Wasserwechsel. Im anderen Fall züchtet man Kümmerformen, die man anständigerweise niemandem anbieten sollte. Andererseits lohnt sich zumeist die Mühe der Aufzucht. Anders als bei den Nachzuchten von Großcichliden wird man für Zwergbuntbarsche immer Abnehmer finden. Zwergcichliden sind gefragt!
Hier noch eine Warnung an diejenigen, die ihre Nachzucht in der ersten Zeit noch bei den Eltern im Gesellschaftsbecken lassen wollen. Vorsicht mit dem Verfüttern von Wasserflöhen! Die Cichliden-Mütter, die sonst so pflegewütig sind, daß sie selbst Wasserflöhe adoptieren, verwechseln sie in dieser Situation zwar kaum noch mit ihren Jungen. Die Kleinen selbst werden durch die wirr herumhüpfenden Wasserflöhe häufig so irritiert, daß sie sich ihnen anschließen und sich – ohne noch auf die Mutter zu achten – im Aquarium ausbreiten; nun sind sie eine leichte Beute der übrigen Beckenbewohner.
Nun sollen noch einige Arten aufgezählt werden, die auch den Anfängern zu Zuchtversuchen empfohlen werden können. Mir ist völlig klar, daß der Anfänger unter Umständen auf Anhieb die schwierigsten Fische züchtet, und daß ein „alter Hase“ kurzfristig auch an den „leichtesten“ Fischen verzweifelt. Ich könnte da Beispiele aufzählen! Dennoch, die hier aufgezählten Arten sind relativ leicht zu züchten: *Nannacara anomala, Aequidens curviceps, Pelvicachromis pulcher,* die *Pseudocrenilabrus-* und die *Julidochromis*-Arten. Die *Apistogramma*-Arten sind schon etwas schwieriger, jedoch mit *A. ramirezi, A. borellii* und *A. reitzigi* kann auch der Anfänger zu schönen Zuchterfolgen kommen. Doch keine Angst vor den anderen Arten! Mit etwas Geduld und Spucke sind alle hier angeführten Arten zur Vermehrung zu bringen.

Die Gattung Apistogramma

Die Zahl der *Apistogramma*-Arten ist von fünf (1906) auf derzeit (1977) weit über 20 Arten angewachsen. Mit Sicherheit werden in Kürze weitere Arten beschrieben.

Ich habe darauf verzichtet, hier eine Liste der bisher beschriebenen Arten aufzuführen. Sie hätte die Unsicherheit bei der Bestimmung der *Apistogramma*-Arten sicher nicht verkleinert oder vielleicht in einigen Fällen zu einer trügerischen Sicherheit geführt. Das wäre noch schlimmer. Wir sollten uns darüber klar sein, daß ein sehr großer Teil der heute in Deutschland befindlichen Formen wissenschaftlich überhaupt noch nicht beschrieben ist. Trotzdem werden sie vielfach mit (falschen!) wissenschaftlichen Namen angeboten.

Von einer Kolumbienreise brachte Dr. FRÖHLICH mehrere selbstgefangene, bisher noch nicht beschriebene Arten mit. Jede von ihnen war typisch für einen ganz bestimmten, räumlich eng begrenzten Fundort. Diese Fundorte waren nur jeweils 20 bis 50 Kilometer voneinander entfernt. Welche Fülle von neuen Arten kann da noch aus Südamerika auf uns zukommen?!

Besonders die Bestimmung der rundschwänzigen Arten (*pertense, commbrae, pleurotaenia* und viele andere) bereitet Schwierigkeiten. Zur Haltung und Zucht dieser Arten muß man sich mit den folgenden allgemeinen Angaben begnügen. – Es gibt aber auch besonders typische und räumlich recht weit verbreitete *Apistogramma*-Arten, deren Artzugehörigkeit über jeden Zweifel erhaben ist. Die wichtigsten von ihnen habe ich in den Artbeschreibungen gesondert aufgeführt.

Besonders phantastisch sehen die hochflossigen Formen aus. Die Rückenflossen von *A. kleei* und einigen anderen Arten können die Körperhöhen der Tiere erreichen oder sogar übertreffen. Allerdings sind es nicht die Flossenstrahlen, die diesen Effekt bewirken, sondern die stark verlängerten Häute zwischen den Hartstrahlen. Die Spitzen der Rückenflossen sind bei diesen Arten also weich!

Die *Apistogramma*-Männchen besetzen zumeist recht große Reviere, in denen mehrere Weibchen kleinere Brutreviere gründen. Dieses Verhalten schließt eine eigentliche Paarbildung aus. Es ist aber artweise unterschiedlich ausgeprägt. Während z. B. bei *A. trifasciatum* eine Paarbildung nahezu vollständig fehlt, ist sie bei *A. commbrae* die Regel. Es scheint, daß die Aufgabenteilung eine Lockerung der Paarbildung bedingt und zugleich eine Zunahme des Geschlechtsdimorphismus. Wenn sich dagegen die Geschlechter so stark wie beim *A. ramirezi* gleichen, sind sie im Hinblick auf das Revier und die Brutpflege völlig gleichberechtigt. Ich will aber hinzufügen, daß das Sozialverhalten dieser Arten auch individuell sehr unterschiedlich sein kann und auch stark von äußeren Bedingungen beeinflußt wird.

Hinweise zur Zucht: Der entscheidende Faktor beim Ablaichen ist die Laichreife des Weibchens; wenn ein Weibchen ablaichen will, dann laicht es auch unter relativ schlechten Bedingungen. Das geschieht manchmal schon an der Wand einer kahlen Schüssel. Tiere, denen man nach einer Zeit längeren Darbens plötzlich wieder gute Bedingungen anbietet, laichen oft besonders willig. Das ist sicher mit ein Grund dafür, daß die Importtiere meistens viel besser ablaichen als die Nachzuchten.

Als ideale Ablaichplätze haben sich Blumentöpfe erwiesen, die man halbiert oder unversehrt längs in den sandigen Boden legt. Die Weibchen graben sich ihre Höhle gerne noch größer. Andere Züchter bevorzugen Blumentöpfe mit ausgeschlagenem Boden, die sie umgekehrt in das Aquarium stellen. Vielfach fühlen die Tiere sich dann wohler, weil man nicht in ihr Versteck einsehen kann. Aber es ist klar, daß das für den Beobachter und vielfach auch für den Züchter nachteilig sein kann.

Weiches Wasser ist Voraussetzung für die Zucht der allermeisten Arten. Trotzdem verpilzen die Eier leicht. Hier helfen Cilex oder Methylenblau und zusätzlich eine kräftige Wasserströmung. Sehr viele *Apistogramma*-Arten kommen in Südamerika in Bächen mit relativ starker Strömung vor!

Bei der Verwendung chemischer Mittel gegen Laichverpilzung und überhaupt von Medikamenten ist allerdings wegen der großen Empfindlichkeit der Fische Vorsicht angebracht. Man beginne zunächst mit nur etwa einem Drittel der Dosierung, die auf der Gebrauchsanweisung angegeben ist!

Vielfach fressen die Mütter ihren Laich ohne ersichtlichen Grund. Wenn man abends das Licht ausschaltet, ist das Gelege noch da, und wenn man am nächsten Morgen nach dem Laich schaut, dann ist er verschwunden. Ein Züchter gab mir kürzlich den Rat, es mit Dauerlicht zu versuchen. Dann blieben die Eier in den allermeisten Fällen verschont. Ich habe es noch nicht ausprobiert, aber ich will diesen Ratschlag hiermit weitergeben.

Apistogramma wickleri – Wicklers Zwergbuntbarsch

Typisch für diese für *Apistogramma*-Verhältnisse besonders langschnäuzige Art ist die bei älteren Männchen deutlich oben und unten ausgezogene Schwanzflosse. Das trifft zwar auch für andere *Apistogramma*-Männchen zu. Die haben dann aber auch deutlich verlängerte Häute zwischen den Rückenflossenstrahlen, ein Merkmal, das *A. wickleri* und den sehr nahe verwandten Formen *A. steindachneri* und *A. ornatipinnis* fehlt. Der Körperlängsstreifen endet als Fleck in der Schwanzflossenwurzel.

A. wickleri-Männchen können bis zu zehn Zentimeter lang werden; die Weibchen werden mit 6 bis 7 cm ebenfalls recht groß. Dennoch sind es relativ friedliche und pflanzenfreundliche Tiere. Die Männchen haben blau bis grünlich glänzende Schuppen.

Die Melanin-Muster, also die schwarzen und dunkelbraunen Flecken und Streifen, sind stimmungsabhängig und können bei dieser Art wie bei allen *Apisto-*

gramma-Arten stark variieren. Es soll deshalb bei den weiteren Arten nur auf besonders typische Färbungsmuster hingewiesen werden. Hier aber einmal Beispiele für die Stimmungsabhängigkeit der Zeichnungen: Tiere, die sich nicht wohlfühlen oder die irgendwie unterdrückt werden, zeigen neben dem fast immer vorhandenen Wangenstreifen ihr Körperlängsband und quer dazu sechs Körperstreifen. Revierbesitzende Männchen haben wie die brutpflegenden Weibchen je einen Fleck in der Körpermitte und einen an der Schwanzflossenwurzel. Das Längsband verschwindet völlig. Bei der Balz und beim Ablaichen kann sowohl der hintere als auch der Körperfleck ganz verschwinden. – Diese Beschreibung soll zeigen, daß sich der Liebhaber, der sich meist nicht mit konserviertem Material abgibt, bei der Bestimmung seiner *Apistogramma*-Arten nicht zu sehr auf die Melanin-Zeichnung verlassen sollte. Viel wichtiger sind Merkmale des Körperbaues und der Flossenausbildung.

Die Fische sind ziemlich friedlich, haben aber entsprechend ihrer Körperlänge doch Ansprüche an die Größe ihres Revieres. Die Zucht gelingt relativ leicht. Vorzugsweise wird in Höhlen abgelaicht. Meine Tiere laichten aber auch schon unter einem Cryptocorynen-Blatt. Die nun gelb gefärbten und kontrastreich schwarz gezeichneten Weibchen verteidigen ihren Laich intensiv. Sie greifen ihre Gegner dabei in ruckartigem Vorstoß in einer typischen Kopfunterstellung an.

Manchmal hilft das Männchen dem Weibchen sehr aktiv bei der Revierverteidi-

Bild 2: *Apistogramma wickleri*-Männchen, es kann bis zu 10 cm lang werden. – Aufnahme: J. Vierke

gung. Besonders bei großem Feinddruck wird das Männchen vom Weibchen als gleichberechtigter Partner bei der Verteidigung des Geleges anerkannt. Ich sah schon ein Paar, bei dem die Revierverhältnisse genau entgegengesetzt von den sonst bei *Apistogramma*-Arten beschriebenen Relationen waren: das Männchen hielt sich direkt am Laich auf, während das Weibchen draußen an der Reviergrenze Feinde abwehrte. Dieses Verhalten ist allerdings nicht typisch für die Art. Es zeigt aber, was bei *Apistogramma*-Arten alles beobachtet werden kann, und daß man nicht zu früh verallgemeinern sollte.

Apistogramma trifasciatum – Dreistreifen-Zwergbuntbarsch

Die Männchen dieser klein bleibenden Art erreichen maximal 6 cm Gesamtlänge. Im Aquarium sind aber 5 cm große Tiere schon als beachtlich zu bezeichnen. Die Weibchen bleiben noch einen Zentimeter kleiner.
Männchen sowohl als Weibchen haben abgerundete Schwanzflossen. Nur bei alten Männchen kann die Schwanzflosse unter Umständen oben und unten eckig auswachsen, aber ohne deutliche Spitzenbildung. Als besonderer Schmuck des Männchens wirkt die mächtige, indianerhaubenartige Rückenflosse: die Spitzen der Zwischenstrahlenhäute sind prächtig orange bis feuerrot gefärbt und stark verlängert.
Die Art hat ihren wissenschaftlichen Namen nach ihren drei Körperstreifen: der

Bild 3: 6 bis 7 cm lang wird das *A. wickleri*-Weibchen. – Aufnahme: J. Vierke

Bild 4: *Apistogramma trifasciatum*-Männchen. – Aufnahme: J. Vierke

erste Streifen beginnt an der Schnauzenspitze, zieht durchs Auge hindurch und verläuft sich in der Schwanzflossenwurzel; der zweite ist der für die *Apistogramma*-Arten typische Bartstreifen, der am unteren Augenrand beginnt und sich schräg nach hinten führend über den Kiemendeckel erstreckt. Etwa parallel zum Bartstreifen verläuft, manchmal kaum sichtbar, die dritte Binde: sie verbindet als feiner Streifen den Brustflossenansatz mit dem Beginn der Afterflosse.

Zu *A. trifasciatum* werden drei Unterarten gezählt. Von der Unterart *haraldschultzi* ist die Nominatform am einfachsten am Ansatz des Körperstreifens zu unterscheiden: Bei *A. trifasciatum haraldschultzi* beginnt die „*trifasciatum*"-Binde schon etwas oberhalb des Brustflossenansatzes. Ein noch besseres Unterscheidungsmerkmal ist jedoch die große Längsbinde, die bei der Stammform direkt an der Oberlippe beginnt, bei der Unterart dagegen deutlich oberhalb der Oberlippe. Die Nominatform, die exakt *Apistogramma trifasciatum trifasciatum* zu nennen ist, wird im Gebiet des oberen Rio Paraguay gefunden. Dagegen stammt die *haraldschultzi*-Rasse von jenseits der Wasserscheide aus dem Amazonasgebiet: aus der Gegend des Rio Guapore, einem der Grenzflüsse zwischen Brasilien und Bolivien. Östlich hiervon, also im mittleren Amazonasgebiet, ist noch eine weitere Unterart beheimatet: *A. trifasciatum maciliense.* Vielfach werden diese drei Rassen als eigene Arten angesehen. Das ist durchaus vertretbar, und es ist letztlich reine Geschmackssache, welcher wissenschaftlichen Ansicht man sich anschließen will.

Über den Fundort von *A. trifasciatum haraldschultzi* sind wir gut orientiert. Leider ist das eine Ausnahme unter den *Apistogramma*-Arten. Hermann Meinken, der Erstbeschreiber, gibt zum Fundort an, daß die Wassertemperaturen bereits gegen 7 Uhr morgens bei 23 bis 25° C liegen. Weiter schreibt er: „Durch die starke Einstrahlung der sengenden Sonne steigt die Wasserwärme während des Tages erheblich“ und betont, „daß unser *Apistogramma* nicht im Dunkeln unter den Schwimmgraspolstern zu Hause ist, sondern im Pflanzenwust der sonnendurchglühten Lagunen.“

Diesen Angaben entsprechend sollte man die Art nicht bei zu niedrigen Temperaturen halten. 26 bis 30° C sollte man diesen Tieren bieten. Sehr wichtig ist es, den *trifasciatum* weiches, leicht saures Wasser zu geben und beim Wasserwechsel besonders vorsichtig zu sein. Mir scheinen die Fische noch empfindlicher zu

Bild 5: *A. trifasciatum:* Das Weibchen hat beim Eierfächeln wie auf dem Foto einen kräftigen Längsstreifen; beim Jungeführen verschwindet der Streifen bis auf einen runden Fleck genau in der Körpermitte. – Aufnahme: J. Vierke

sein als die anderen *Apistogramma*-Arten. Ist allerdings die Wasserfrage klar und werden die Tiere gut mit Lebendfutter versorgt, dann ist die Zucht der *trifasciatum* einfach.

Die typische Form der *Apistogramma*-Sozialstruktur, also ein Männchenoberrevier und mehrere Unterreviere für die Weibchen, ist bei dieser Art besonders deutlich ausgebildet. Natürlich kann man auch diese Zwergcichliden in den eingangs beschriebenen Mini-Geröllaquarien halten. Wenn man allerdings die arttypische Familienstruktur studieren will, sollte ein Aquarium möglichst groß sein. Dann kann man auch beobachten, daß die territorialen und untereinander unverträglichen Weibchen sich gegenseitig gern ihre Jungen kidnappen. Das gilt selbst für Weibchen, die noch nie eigene Junge gehabt haben. Obwohl das vielleicht auf den ersten Blick verwundert, so wird es verständlich, wenn man weiß, daß die Weibchen oftmals so pflegewütig sind, daß sie selbst Wasserflöhe und Tubifex pflegen. Der Laie meint, sie verteidigen lediglich futterneidisch ihr Futter; der Kenner sieht aber, daß diese Tiere plötzlich ihr Brutpflegekleid angelegt haben! Dieses Verhalten gilt übrigens für alle *Apistogramma*-Arten.

Weibchen mit bereits freischwimmender Brut ziehen umher und können von einem Männchenrevier zum Nachbarn überwechseln. Auch die Männchen können pflegewütig werden. Dann verdrängen sie oft die Mütter von der Pflege älterer Jungfische.

Bei einer Wassertemperatur von etwa 27° C beginnen die Jungen spätestens nach 15 Tagen sich untereinander zu bekämpfen. Ein oder zwei Tage später lassen sie sich nicht mehr von der Mutter zusammenhalten.

Apistogramma klausewitzi – Klausewitz' Zwergbuntbarsch

A. klausewitzi ist ein ziemlich schlanker, spitzköpfiger Zwergcichlide aus dem mittleren Amazonas. Die Männchen erreichen eine Gesamtlänge von etwa 6 cm, die Weibchen bleiben, wie bei diesen Arten üblich, deutlich darunter.

Die Fische gehören wie *A. sweglesi, A. kleei* und *A. borellii* zur Gruppe der *Apistogramma*-Arten mit doppelspitziger Schwanzflosse und kräftig verlängerten Zwischenstrahlenhäuten im vorderen Teil der Rückenflosse. Diese Merkmale gelten allerdings nur für die Männchen, die Weibchen sind schlichter.

A. klausewitzi-Männchen haben wie die nahe mit ihnen verwandten *A. sweglesi* eine bräunliche Grundfärbung. Die Art unterscheidet sich aber in beiden Geschlechtern leicht von *A. sweglesi* durch das Vorhandensein von zwei Längsbinden und durch den Verlauf der oberen Binde. Bei *A. klausewitzi* endet sie an der Schwanzflossenbasis in einem unregelmäßigen schwarzen Fleck. Dagegen verläuft sie sich bei *A. sweglesi* in der Schwanzflosse. Als typisches Merkmal von *A. klausewitzi* werden außerdem einige rote Punkte am Hinterrand der Kiemendeckel angegeben. Weitere Unterschiede zu *sweglesi,* wie der wesentlich längere Kopf des *A. klausewitzi,* die geringere Körperhöhe, längere Schnauze, höherer

Schwanzstiel und anderes sind nur im direkten Vergleich oder durch Messungen erfaßbar. Leider wird dieser Zwergcichlide nur recht selten angeboten.

Apistogramma kleei – Querbinden-Zwergbuntbarsch

Bild 6: Die *Apistogramma kleei*-Männchen erreichen eine Gesamtlänge bis zu 9 cm. – Aufnahme: J. Vierke

Der Querbinden-Zwergbuntbarsch ist der eben beschriebenen Art recht ähnlich, aber größer und prächtiger. Die Männchen erreichen die für *Apistogramma*-Arten beträchtliche Gesamtlänge von bis zu 9 cm und eine Körperlänge von 6 cm, die Weibchen bleiben mit 5 cm Gesamtlänge wesentlich kleiner.

Prächtigster Schmuck der Männchen ist die herrlich gefärbte Rückenflosse mit ihren weit ausgezogenen, an den Spitzen orange bis rot gefärbten Zwischenstrahlenhäuten. Neben den Formen mit blaugrauen Flossen erscheinen seit kurzem auch Tiere mit leuchtend roten Schwanz-, Rücken- und Afterflossen. Sie werden leicht mit *A. sweglesi* verwechselt. *A. sweglesi* hat im Gegensatz zu *A. kleei* jedoch 16 Stachelstrahlen in der Rückenflosse, der Querbinden-Zwergbuntbarsch dagegen 15. Ein von mir daraufhin sehr genau untersuchter „Roter *kleei*“ wies neben einigen anderen Unterschieden jedoch die für *Apistogramma*-Arten recht ungewöhnliche Zahl von nur 14 Stachelstrahlen auf. Das spräche für eine Trennung dieser Form von *A. kleei*. Dem widerspricht jedoch die Aussage von Züchtern, die aus einem Gelege sowohl blaue als auch rote Formen aufgezogen haben wollen.

Als Kennzeichen für *A. kleei* gelten die drei bis vier grau bis weinrot gefärbten Querbinden auf dem Ende der mittleren Schwanzflossenstrahlen, die allerdings nicht bei Weibchen und jüngeren Männchen zu sehen sind und auch beim „Roten *kleei*“ (?) nur recht schwach angedeutet sind. Typisch für *A. kleei*-Männchen sind eine Reihe partiell braunrot gefärbter Schuppen, die am Augenhinterrand beginnt und sich schon fast am Rücken weit über dem schwarzen Längsstreifen entlang zur Schwanzwurzel zieht. Beim Roten *A. kleei* (?) ist diese Reihe aber (natürlich!) nicht zu sehen.

Ein besonders deutliches Artmerkmal ist der Verlauf einiger blaugrauer Streifen in der Afterflosse in Richtung der Flossenstrahlen. Diese Zeichnung zeigen auch

Bild 7: Ein *A. kleei*-Weibchen hat sein Gelege unter dem Dach einer Steinhöhle angelegt. – Aufnahme: J. Vierke

Bild 8: Neben den Formen mit blau-grauen Flossen erscheinen seit kurzem auch *A. kleei* mit leuchtend roten Schwanz-, Rücken- und Afterflossen. – Aufnahme: J. Vierke

schon jüngere Männchen. Hin und wieder sind sie auch bei Weibchen andeutungsweise zu erkennen. Sonst fällt es wie für die allermeisten *Apistogramma*-Arten schwer, für die Weibchen artspezifische Merkmale anzugeben, wenn man von Flossenstrahl- und Schuppenzahlen absehen will. Ältere *A. kleei*-Weibchen kann man allerdings oft recht gut von den rundschwänzigen Arten unterscheiden. Ihre Schwanzflosse ist nicht mehr abgerundet, sondern erscheint gerade abgeschnitten, manchmal sogar schon andeutungsweise dreilappig.

Die Art soll aus dem Gebiet des mittleren Amazonas stammen. Sie stellt – will man sie längere Zeit erfolgreich pflegen oder gar züchten – einige Ansprüche an die Wasserbeschaffenheit.

Bei den Wasserfaktoren sind nicht nur Härte- und Säuregrade entscheidend. Es ist vielmehr eine Kombination von verschiedenen Faktoren wichtig, die für *A. kleei* und die anderen *Apistogramma*-Arten noch nicht im einzelnen ermittelt sind. Auf jeden Fall Vorsicht vor Medikamenten und vor Wasserverunreinigungen, Vorsicht vor Tubifex und Roten Mückenlarven, die oft aus verseuchten Gewässern stammen und Giftstoffe in ihren Körpern speichern können!

Bei *A. kleei* empfehle ich für das Wasser 8° dGH oder niedriger und einen neutralen oder schwach sauren pH-Wert. Den Regelheizer sollte man auf etwa 28° C einstellen.

Die Zucht von *A. kleei* bereitet mehr Schwierigkeiten als bei vielen anderen *Apistogramma*-Arten. Das Weibchen heftet seine Eier im Inneren einer Höhle an die Decke oder an eine senkrechte Wand. Es sind zumeist weit weniger als 100 Laichkörner. Wenn die Laichhöhle für das große Männchen zu klein ist, befruchtet es die Eier, indem es vor der Höhle absamt und die Spermien mit kräftigen Schlägen der Schwanzflosse ins Höhleninnere befördert. Das beobachtet man auch bei anderen *Apistogramma*-Arten, ebenso wie das folgende Phänomen: die Farbe der Eier kann in Abhängigkeit von der Nahrung, die das Weibchen zuvor zu sich genommen hat, sehr stark schwanken. Nach *Cyclops*-Nahrung sind die Eier leuchtend rot, nach bestimmten Trockenfuttersorten weißlichgrau, oft auch gelbbraun.

Die Jungen schlüpfen nach etwa drei Tagen, und nach weiteren fünf Tagen schwimmen sie frei. Sie sind dann mit frischgeschlüpften *Artemia*-Nauplien leicht aufzuziehen. Bereits im Alter von sechs Monaten sind sie fortpflanzungsfähig, wenn man bei der Aufzucht keine Fehler gemacht hat.

Apistogramma sweglesi – Swegles' Zwergbuntbarsch

Auch dieser Zwergcichlide wird wie *A. klausewitzi* nur recht selten eingeführt. Er wird oft mit der roten Rasse des ihm sehr nahestehenden Querbinden-Zwergbuntbarsches verwechselt.

Die Fische stammen aus der Gegend von Letitia am oberen Amazonas. Dort leben sie an freien Stellen in reich mit Über- und Unterwasserpflanzen bewachsenen Flußläufen.

Die schlanken Männchen sind an Rücken und Nacken rötlichbraun, nach den Seiten bräunlich bis gelboliv gefärbt. Die Unterseite ist noch heller. Ihre Flossen sind grau und teilweise dunkelbraun gesäumt. Im Gegensatz zu den allermeisten anderen verwandten Arten ist die Wangenbinde im unteren Teil deutlich nach vorn gekrümmt.

Apistogramma sweglesi-Männchen werden 7 bis 8 cm groß, wobei ⅕ auf die zweizipflig ausgezogene Schwanzflosse kommt. Die Weibchen bleiben mit einer Gesamtlänge von 5 cm deutlich kleiner.

Apistogramma pertense – Amazonas-Zwergbuntbarsch

Bei der Behandlung dieser Art muß ich offen eingestehen, fühle ich mich in gewisser Weise überfordert. Eine Entscheidung zur Artzugehörigkeit von Tieren aus dieser Verwandtschaftsgruppe ist nur bei genauester Kenntnis der Meßwerte und nach dem Studium der Holotypen, also der Tiere, nach denen die Erstbe-

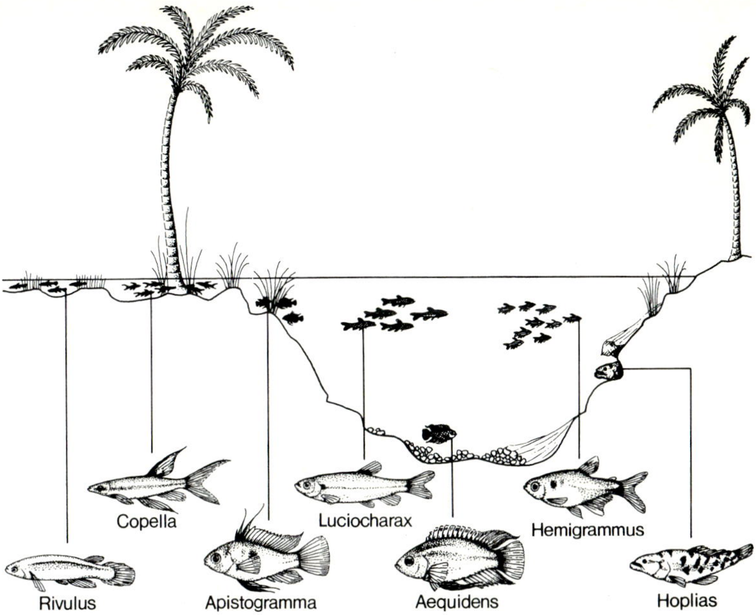

Bild 9: Das Schema zeigt einen typischen Bachquerschnitt in Kolumbien und verdeutlicht die Verteilung der Arten. *Apistogramma*-Arten trifft man vorzugsweise am Rand der Bäche unter überhängenden Grasbulten und Wurzeln an. – Zeichnung: S. Haag nach einer Vorlage von Dr. F. Fröhlich

schreibung erfolgt ist, möglich. Und selbst dann ist die Bearbeitung sehr schwer. Derzeit arbeitet KULLANDER an einer Revision der *Apistogramma*-Arten. Seinen Angaben zufolge soll *A. pertense* zumindest bis 1973 noch nicht als Aquarienfisch eingeführt sein. Verschiedene Arten, die bisher im Handel und in Zeitschriften und Büchern unter der Bezeichnung „*A. pertense*" liefen, gehören zu anderen rundschwänzigen Arten, die zum größten Teil wissenschaftlich noch nicht einmal beschrieben sind! Kein Wunder, daß die Angaben über Haltung und Zucht so verschieden sind!

Kürzlich konnte FRÖHLICH Fische offensichtlich unterschiedlicher Artzugehörigkeit aus der Klarwasserregion Ostkolumbiens mitbringen, die nach ihren Zahlenwerten alle auf die Originalbeschreibung von *A. pertense* zutreffen. Damit wird die Verwirrung komplett! Nicht nur im Aussehen, auch im Verhalten waren Unterschiede festzustellen. Die Tiere stammten alle aus Nebenflüssen des Rio Meta, einem Zufluß des Orinoco.

Die Angaben von FRÖHLICH zum Vorkommen seiner Apistogramma-Arten sind

so interessant, daß ich sie dem Leser nicht vorenthalten will. Bild 9 zeigt einen Querschnitt durch einen der typischen kleinen Bäche und die bevorzugten Standorte der Fische. Die *Apistogramma*-Arten befinden sich im von FRÖHLICH bereisten Gebiet fast nur in strömendem Wasser, sehr oft sogar in recht schnell fließenden Bächen und Rinnsalen. Dort leben sie unter überhängenden Grasbüscheln, in Schichten von abgestorbenem Laub oder in flutender Vegetation. Der Boden besteht vielfach aus grobem Kies und Geröll. Dann leben und laichen die Tiere im Lückensystem zwischen den Steinen. Man erinnere sich an das von mir auf S. 15 vorgeschlagene Geröllaquarium; es entspricht also durchaus natürlichen Bedingungen. Wenn man das auf ein 1 m bis 1,50 m langes Becken überträgt und durch eine starke Kreiselpumpe für kräftige Wasserströmung sorgt, kann man ausgezeichnet die natürlichen Verhältnisse imitieren.
Sicher interessieren auch die Wasserwerte: FRÖHLICH ermittelte im Bereich der *Apistogramma*-Biotope sowohl im Januar wie im Oktober Wassertemperaturen von 24 bis 25°, seltener bis 26° C. Nur *Apistogramma ramirezi* machte hier eine Ausnahme. Die Wasserhärte schwankte zwischen 0,5 und 2° dGH, und der pH-Wert lag bei 6,2 bis 6,8.

Apistogramma reitzigi – Gelber Zwergbuntbarsch

Der Gelbe Zwergbuntbarsch wurde erstmals 1938 eingeführt. Erst in allerjüngster Zeit werden vereinzelt wieder Wildfänge angeboten. Die Kenntnis über das Herkunftsgebiet dieser Art war lange Zeit verschüttet gewesen. J. P. ARNOLD hatte 1939/40 angegeben, die Art sei von H. RÖSE (Hamburg) aus dem Gebiet des mittleren Paraná eingeführt worden. Diese schnell vergessene Fundortangabe wurde bis vor kurzem durch verschiedene spekulative Heimatangaben ersetzt. ARNOLD hatte aber recht. Die jetzt angebotenen Wildfänge stammen aus dem mittleren Stromgebiet des Rio Paraná. Wie auch bei vielen anderen *Apistogramma*-Arten sind arttypische Merkmale nur schwer zu beschreiben, wenn man von Zahlenwerten absehen will. Aber die sind ja auch nicht immer sicher. Am besten erkennen wir erwachsene *A. reitzigi*-Männchen im Vergleich mit dem Farbfoto: Es sind rundschwänzige, kleine und relativ gedrungene Fische mit gleichmäßig gewölbtem Stirnprofil und prächtig entwickelten Rücken-, Bauch- und Afterflossen. Besonders die oft segelartig getragene, hohe und weit nach hinten ausgezogene Rückenflosse ist typisch. Ihr fehlen die verlängerten Flossenspitzen der „Indianer-Cichliden" wie *A. borellii, A. kleei, A. sweglesi* usw.
In Fortpflanzungsstimmung glänzen die Männchen in ihrer hinteren Körperhälfte und im größten Teil der Rückenflosse herrlich hellblau. Kopf- und Brustpartie sind dann kräftig gelb, genau wie einige Teile in den Flossen. Dann fehlen den Männchen auch die für *Apistogramma*-Arten typischen Backenstreifen. Die Weibchen dagegen wird man kaum von *A. pertense, A. pleurotaenia* und anderen nahe verwandten Arten unterscheiden können. Ihre Flossen sind viel schwächer

entwickelt als die der Männchen. Erwachsene Männchen können bis zu 8 cm lang werden; aber das sind seltene Ausnahmen. Im Normalfall erreichen sie eine Länge von 6 cm, die Weibchen bleiben mit etwa 4 cm deutlich kleiner.
A. reitzigi ist einer der problemlosesten Arten der Gattung; man kann sie schon bei Wasserhärten von 10 bis 12° dGH züchten. Dann sollte man allerdings nicht vergessen, nach dem Ablaichen ein Desinfektionsmittel in das Wasser des Zuchtbeckens zu geben, um einer eventuellen Laichverpilzung vorzubeugen. Günstiger ist natürlich die Zucht in Wasser bis zu 5° dGH.
Zur Zucht gebe man den Tieren Kunsthöhlen in das Becken, auch wenn man hin und wieder hört, daß sie notfalls auch an einem schräg stehenden Stein oder sogar an einer Aquarienscheibe ablaichen. Vorher putzt das Weibchen, meist ohne Beteiligung des Männchens, den ausgewählten Laichplatz und heftet dann mit der Legepapille die Eier daran fest. Im Mittel werden etwa 50 bis 70 Eier abgegeben. Das Männchen besamt das Gelege in Abständen von einigen Minuten, indem es Sperma durch heftige Flossenbewegungen über die Eier wedelt. Es schwimmt dabei oft gar nicht in die Höhle hinein.

Bild 10: Ein *Apistogramma reitzigi*-Paar an der Bruthöhle. – Aufnahme: J. Vierke

Die Pflege des Laichs und der Jungen wird von der Mutter zumeist allein übernommen. Daher sollte das Männchen aus kleineren Zuchtbecken herausgefangen werden. In größeren Aquarien kann man jedoch oft auch beobachten, daß das Männchen nach anfänglicher Abwehr doch von der Fischmutter geduldet wird. Hier können also alle Übergänge von der Mutterfamilie zur Elternfamilie auftreten. Ein mitbrutpflegendes Männchen braucht übrigens keineswegs treu zu sein. Man beobachtet, daß es zwischendurch mit einem anderen Weibchen ablaichen kann, dann aber wieder seinen Vaterpflichten bei seiner ersten Gattin nachkommt.
Man sollte auf jeden Fall den Laich und die Jungen bei der Mutter oder den Eltern belassen. Die *Apistogramma reitzigi*-Mütter sind sicher die besten Brutpfleger aus ihrer Gattung. Die Larven schlüpfen bei 24° C nach etwa 48 Stunden. Anschließend werden sie in Gruben gebettet, oft auch ohne ersichtlichen Grund von einer Sandgrube zur nächsten transportiert; 7 bis 9 Tage nach der Eiablage schwimmen die Jungen frei.

Apistogramma ramirezi – Schmetterlingsbuntbarsch

In *Apistogramma ramirezi* haben wir ein kleines Juwel vor uns: ein wunderschön gefärbter Zwergcichlide mit einem sehr lebhaften Verhalten und dennoch immer friedfertig. Wer dieses bunte Fischchen balzend bei seinen Flattertänzen gesehen hat, wird bestätigen, daß er seinen deutschen Namen Schmetterlingsbuntbarsch zu Recht trägt.
Apistogramma ramirezi paßt in mancher Hinsicht nicht in seine Gattung hinein: die Art hat kaum Geschlechtsdimorphismus, sie ist Offenbrüter und bildet eine Elternfamilie. Sie wird daher von vielen in eine eigene Gattung gestellt und als *Microgeophagus ramirezi* bezeichnet. Über die Berechtigung dieser Handlungsweise kann man streiten. Man braucht sich der neuen Bezeichnung nicht anzuschließen, denn Gattungsbezeichnungen haben nicht die Verbindlichkeit der Artnamen. Ich bleibe hier bei der alten Bezeichnung.
Diese besonders prächtig gefärbte, hoch gebaute Art trägt schwarze Bartstreifen, verlängerte, schwarze Stachelstrahlen in der Rückenflosse, einen dunklen Fleck in der Körpermitte und oft noch einen oder mehrere weitere dunkle Flecken am Körper oder in der Rückenflosse. Vermutlich ist die Verteilung und die Intensität der Farbmuster nicht nur von der Stimmung, sondern auch von der geographischen Herkunft der Tiere abhängig. Die Körpergrundfarbe kann sehr unterschiedlich sein. Im Auflicht glänzen die Körperschuppen hellblau. Neuerdings kommen aus den Züchtereien xanthoristische Formen, die Gold-Ramirezis.
Nicht immer kann man die Männchen an den stärker entwickelten Hartstrahlen in der Rückenflosse erkennen. Sichereres Geschlechtsmerkmal ist die deutlich rot bis rotviolett gefärbte Bauchpartie der Weibchen. Laichreife Weibchen sehen dadurch viel prächtiger aus als ihre Männchen.

Bild 11: Ein typisches *Apistogramma*-Biotop in Kolumbien, etwa 100 Kilometer östlich von Villavicenio bei Pto. Lopez im Januar. Das nur etwa 10 bis 30 cm niedrige Flachwasser der Bucht ist von den Fängern aufgewühlt und erscheint jetzt bräunlich. Hier haben viele *A. ramirezi* ihre Reviere und führen Junge. Temperaturen im Wasser der Bucht: 30 bis 35° C. – Aufnahme: F. Fröhlich

Die Fische stammen – wenn sie nicht aus deutschen oder südostasiatischen Züchtereien kommen – aus dem Norden und Nordwesten Südamerikas. Fundplätze sind aus Venezuela, Kolumbien und Bolivien bekannt. Ein typisches Vorkommen in Ostkolumbien zeigt Bild 11, das zudem veranschaulicht, welche Temperaturverhältnisse diese Art im Gegensatz zu anderen *Apistogramma*-Arten braucht. Das sonnendurchglühte Flachwasser von Lagunen und stillen Buchten ist ihr bevorzugter Aufenthalts- und Laichort.
Während wir zur Haltung auch mit niederen Wärmegraden auskommen, sollten wir die Temperatur zur Zucht etwa auf 30° C erhöhen. Das Wasser sollte weich und leicht sauer sein. Auf eine Durchlüftung sollte man nicht verzichten; auch ein häufiger teilweiser Wasserwechsel ist nötig, da die Fische empfindlich gegen Nitrit sind. Die Art zeigt sich als typischer Offenbrüter: Abgerundete Steine,

Bild 12: Ein *Apistogramma ramirezi*-Paar beim Flattertanz. – Aufnahme: B. Kahl

manchmal aber auch Gruben in Kies oder Sand sind sein Laichsubstrat. Zumeist besetzen Männchen und Weibchen gemeinsam ein Revier und ziehen die Brut zusammen auf. Wenn man ein Weibchen zu mehreren Männchen in ein größeres Aquarium gibt, zeigt sich eine andere Sozialstruktur. Dann bilden die Männchen Reviere, und das Weibchen flirtet sich hintereinander bei allen Männchen durch. Solange es bei seinem jeweiligen Liebhaber ist, verteidigt es mit ihm zusammen das Revier gegen die jetzt natürlich stärker bedrängten Nachbarn, nach der Eiabgabe wechselt es oft die Partei, um nach etwa einer Woche den nächsten Vater mit einem gefüllten Laichstein zu beglücken.
Wenn wir züchten wollen, sollten wir die Fische gut mit Lebendfutter versorgen. Weiße und Schwarze Mückenlarven sowie *Cyclops* scheinen die Laichwilligkeit der Weibchen besonders gut zu fördern. Wie es sich für Offenbrüter gehört, fällt der Eiersegen viel höher aus als bei den Höhlenbrütern: 150 bis 400 Laichkörner sind bei *A. ramirezi* die Regel. Bei 30° C schlüpfen die Larven nach 48 Stunden, bei 25° C dagegen erst einen Tag später. Nun wird die Brut in eine der Gruben getragen, die schon vorher gegraben wurden. Erst nach weiteren 6 Tagen haben

die Jungen ihren Dottersack aufgezehrt, schwimmen frei und folgen den Eltern. Die weitere Aufzucht der Jungen ist einfach. Sie brauchen allerdings reichlich Nahrung – *Artemia*-Nauplien sind das einfachste – und häufigen teilweisen Wasserwechsel, anderenfalls bleiben die Tiere zwergwüchsig. Wer sich Schmetterlingsbuntbarsche kauft, sollte darauf achten, daß er nicht zu kleine, schon ausgefärbte Tiere bekommt; sie wachsen dann kaum noch. Schöne Tiere erreichen eine Gesamtlänge von 5 bis 6 cm.

Apistogramma taeniatum

Eigentlich brauchte ich diese Art hier nicht zu erwähnen, denn die Arbeiten von KULLANDER ergaben, daß bisher nur ein einziges Tier von *A. taeniatum* bekannt geworden ist: die konservierte Holotype, nach der die Erstbeschreibung erfolgt ist. Sie stammte aus dem Rio Cupai im unteren Amazonas-Becken.
MEINKEN beschrieb 1961 eine Art aus Peru, bei der er sich aber aufgrund der großen Ähnlichkeit mit A. taeniatum nicht entschließen konnte, ihr einen neuen Namen zu geben. Diese Art ist bei uns mittlerweile recht häufig, wird nun aber unter dem Namen „*A. weisei*" angeboten. Aber auch dieser Name trifft nicht zu.

Bild 13: *Apistogramma spec. affin. taeniatum*-Männchen. – Aufnahme: J. Vierke

Unter *A. weisei* ist ein völlig anderer Fisch beschrieben worden, der heute korrekt *Taeniacara candidi* genannt wird.
Nun zum wissenschaftlich noch nicht beschriebenen „falschen *A. taeniatum*"! Er ähnelt im ganzen Körperbau sehr *A. reitzigi.* Mit einer Gesamtlänge von 7 bis 9,5 cm werden die Männchen jedoch deutlich größer. Auch haben sie nicht die Segelflossen des *reitzigi.* Die Männchen glänzen bei richtiger Beleuchtung und in der entsprechenden Stimmung am ganzen Körper herrlich hellblau, im Gegensatz zu *A. reitzigi* aber auch im Bereich der Schnauze, der Kiemendeckel und der Brust. Die ausgezogenen Spitzen der Bauchflossen leuchten kräftig

Bild 14: *Apistogramma spec. affin. taeniatum*-Weibchen. – Aufnahme: J. Vierke

orangegelb. Alles in allem ist es ein friedlicher, schöner Zwergcichlide, dessen Nachzucht aber schwieriger als die des Gelben Zwergbuntbarsches ist.

Apistogramma borellii – Borellis Zwergbuntbarsch

Für den Aquarianer ist diese schöne und leicht zu züchtende Art ein Begriff. Vielleicht läuft dieser Fisch allerdings seit Jahrzehnten unter falscher Flagge. Der eigentliche *A. borellii* soll aus dem Oberlauf des Rio Paraguay stammen und eine runde oder gar keilförmige Schwanzflosse haben.
Unter „*A. borellii*" ist hier die auf Bild 15 und 16 gezeigte Art gemeint, unabhängig

Bild 15: Ein schön gefärbtes *Apistogramma borellii*-Männchen, jedoch ohne Flecken in der Schwanzflosse. – Aufnahme: J. Vierke

Bild 16: *Apistogramma borellii*-Weibchen. – Aufnahme: J. Vierke

davon, ob sie ihren Namen zu recht trägt oder nicht. Die stumpfe, kurze Schnauze gibt dem Fisch ein etwas grimmiges Aussehen. Typisch für die Tiere sind ferner die doppelt zugespitzte Schwanzflosse der Männchen, die lang ausgezogenen Häute zwischen den vorderen Stachelstrahlen in der Rückenflosse und die drei bis vier schwächeren dunklen Streifen, die parallel unter dem Haupt-Körperstreifen liegen. Oft, aber keineswegs immer, findet man im oberen Teil, manchmal auch im unteren Teil der Schwanzflosse ein oder mehrere rote, dunkel umgrenzte Flecken. An den Parallelstreifen sind auch die Weibchen gut zu erkennen. Die Männchen werden fast 8 cm lang, die Weibchen bleiben oft nur halb so groß.
Es sind von dieser Art zwei Farbschläge bekannt, die vielleicht geographische Rassen darstellen: eine farblosere graue und eine kräftig blaue Form. Heimat der Tiere ist das Amazonas-Gebiet. Inwieweit der der blauen Form ähnliche, aber langschnäuzigere *A. cacatuoides* aus Guayana mit unseren Aquarien-*borellii* verwandt ist, ist noch nicht klar. In zweckmäßig eingerichteten Aquarien ist unser *borellii* leicht bei 24 bis 27° C zur Fortpflanzung zu bringen. Die Fische können auch in mittelhartem Wasser (15° dGH) noch nachgezogen werden; auch sie sind aber gegen Wasserverschmutzung, also auch gegen Medikamente empfindlich. Selbst Mittel gegen Laichverpilzung sollten zunächst einmal unter genauer Beobachtung der Fische sehr vorsichtig dosiert werden.
Auch beim *borellii* gibt es die typische Sozialstruktur, wie ich sie schon bei *A. trifasciatum* beschrieben habe. Allerdings sind dabei die Weibchenreviere der doch wesentlich größeren *A. borellii* deutlich kleiner als die der *A. trifasciatum*. Manchmal laicht das polygame Männchen innerhalb weniger Stunden mit allen Weibchen ab.
In größeren Aquarien kann man unter Umständen interessante Beobachtungen machen. In dem Harem gibt es manchmal „Weibchen", die niemals Eier legen. Es sind junge Männchen, die die Brutpflegetracht der Weibchen angelegt haben und die daher vom Reviermännchen nicht als Rivalen erkannt werden. Sie können dem Pascha durchaus Kuckuckseier ins Nest legen, also mit einem seiner Weibchen eine Familie gründen und bei der Brutpflege helfen.
Hieraus sollten wir eine allgemeine Lehre für den Kauf von *Apistogramma*-Arten ziehen. „Tarnmännchen" kommen auch bei anderen Arten vor. Wenn wir größere Fische kaufen wollen und wir glauben, die Geschlechter unterscheiden zu können, sollten wir zum sicheren Männchen möglichst immer mehrere Weibchen nehmen; nicht nur, um dem sozialen Bedürfnis unserer Fische entgegenzukommen, sondern auch, um auszuschließen, daß wir neben dem Männchen statt des gewünschten Weibchens nur ein „Tarnmännchen" bekommen.
Auch wenn die Fische leicht zum Ablaichen zu bringen sind, gute Brutpfleger sind sie nicht. Oft werden die Gelege ohne ersichtlichen Grund gefressen. Wenn die Larven aber nach etwa 48 Stunden geschlüpft sind, werden sie sorgsam gepflegt. Sie werden in Gruben gebracht und dort weiterhin bewacht. Etwa 7 bis

9 Tage nach der Eiablage schwimmen die Jungen frei. Im Alter von 20 Tagen löst sich der Jungfischschwarm auf.

Apistogramma agassizii – Agassiz' Zwergbuntbarsch

Wenn man von dem Zwergbuntbarsch spricht, ist *Apistogramma agassizii* gemeint. Später wurde die Bezeichnung ausgeweitet und man versuchte, dieser populären Art auch im deutschen Sprachgebrauch einen Namen zu geben: Buntschwanz-Zwergbuntbarsch oder Agassiz' Zwergbuntbarsch. Zumeist nennt man ihn aber „den *agassizi*".

Die Art ist im Amazonas und seinen südlichen Nebenflüssen in Brasilien und Bolivien zu Hause, jedoch auch jenseits der Wasserscheide im Oberlauf des Rio Paraná und des Rio Paraguay. Er lebt dort in langsam fließenden Gewässern, in Tümpeln und Teichen.

Seinem großen Wohnareal entsprechend gibt es verschiedene Unterarten, die sich besonders durch unterschiedliche Ausfärbung der Männchen auszeichnen. Bei manchen Tieren können die senkrechten Flossen kräftig orangerot gefärbt

Bild 17: Typisch für das *Apistogramma agassizii*-Männchen ist der farbenprächtige, keilförmig ausgezogene Schwanz. – Aufnahme: J. Vierke

sein. Andere Farbschläge sind am Körper vorwiegend gelb, andere leuchten am ganzen Körper kräftig blau. Natürlich ist die Färbung auch vom Lichteinfall und der Stimmung der Tiere abhängig.

Der *agassizii* ist mit anderen *Apistogramma*-Arten nicht zu verwechseln: Typisch für die Männchen ist der farbenprächtige, keilförmig ausgezogene Schwanz; auch bei den Weibchen ist die Schwanzzeichnung oft mehr oder weniger gut zu erkennen. Allerdings haben sie abgerundete Schwanzflossen und auch die After- und besonders die Rückenflossen sind nicht so weit ausgezogen wie die der Männchen. Die Weibchen bleiben mit etwa 5 cm Körperlänge deutlich kleiner als die bis zu 8 cm groß werdenden Männchen.

Zur Zucht und Haltung mögen die schon bei den anderen Arten gegebenen Hinweise genügen. Es sei gesagt, daß es nicht leicht ist, diesen Zwergcichliden zu züchten. Die Schwierigkeiten sind fast so groß wie beim *kleei,* auch wenn Zuchterfolge bei 11° dGH möglich sind. Die Gelege verpilzen sehr leicht. Besonders häufig sieht man die *agassizii*-Mutter dem Laich auf eine Weise Frischwasser zufächeln, die für Cichliden ungewöhnlich ist: Die Mutter steht vor dem Höhleneingang, den Schwanz zur Bruthöhle gerichtet; sie treibt fast ununterbrochen

Bild 18: *Apistogramma agassizii:* Das Männchen „inspiziert“ die von einem seiner Weibchen besetzte Bruthöhle in seinem Revier. – Aufnahme: J. Vierke

Bild 19: *Apistogramma agassizii:* In der Bruthöhle das Weibchen mit dem an der Höhlendecke klebenden Laich. – Aufnahme: J. Vierke

durch regelmäßige, starke Schwanzschläge das Wasser in die Höhle. Damit das Tier auf der Stelle bleibt und nicht etwa nach vorne davonschießt, muß es natürlich kräftig mit Schlägen der Brustflossen dagegenhalten. Elf Tage nach dem Ablaichen schwimmen die Jungen frei. In den ersten Tagen werden die Kleinen von der Mutter abends wieder zur Höhle zurückgeführt. Wenn es ihr dabei nicht schnell genug geht, nimmt sie die Nachzügler ins Maul und bringt sie zu den bereits in der Höhle liegenden Geschwistern.

Leider ist das Geschlechtsverhältnis unter dem Nachwuchs oft sehr unausgeglichen. Zumeist zieht man vorwiegend Männchen auf, manchmal fast nur Weibchen. Die Gründe hierfür sind unklar. Mir erzählte kürzlich ein Zwergbuntbarschzüchter, bei künstlicher Aufzucht würden sich fast alle Nachzuchttiere zu Weibchen entwickeln. Beließe man dagegen die Jungen bei der Mutter, würden fast alle zu Männchen.

Andere Züchter halten den pH-Wert zum Zeitpunkt des Ablaichens für den entscheidenden Faktor: ein niedriger pH-Wert soll Männchenüberschuß ergeben, ein Anheben dagegen mehr Weibchen.

Die Gattung Apistogrammoides

Von dieser Gattung ist nur die aus Peru stammende Art *A. pucallpaensis* bekannt. Sie hat nicht drei oder vier Hartstrahlen in der Afterflosse, wie die offenbar weiterentwickelten *Apistogramma*-Arten, sondern acht. Dieses Merkmal ist auch am lebenden Tier leicht zu erkennen. Typisch sind auch drei übereinanderstehende, große dunkle Flecken, die die ganze Höhe der Schwanzflossenbasis einnehmen und die von einem schmalen, goldglänzenden Hof umgeben sind. Die Rückenflosse ist niedrig und wie die übrigen Flossen relativ kurz, die Schwanzflosse ist gerundet. Die Art kommt nur selten zu uns. Sie verlangt weiches Wasser. In ihrer Haltung und Zucht unterscheiden sich die Fische nicht von denen der Gattung *Apistogramma.*

Die Gattung Taeniacara

Aus dem mittleren Amazonas kommt *Taeniacara candidi,* bisher der einzige bekannte Vertreter seiner Gattung. Die Fische sind extrem schlank und langgestreckt. Die Schwanzflosse ist ähnlich wie beim Agassiz-Zwergbuntbarsch keilförmig ausgezogen. Die langausgezogenen Bauchflossen der Männchen haben orangefarbene Spitzen. Ihre Rückenflosse dagegen bleibt niedrig. Über die Zucht dieser etwa fünf Zentimeter lang werdenden, nur selten eingeführten Zwergcichliden ist bisher nichts bekannt geworden.

Die Gattung Crenicara

Die reizvollen Fischchen sind im Bereich des mittleren Amazonas beheimatet. Sie sind zwar auch schon in mittelhartem Wasser zu halten, besser ist jedoch Wasser unter 10° dGH. Wer Zuchtversuche anstellen will, sollte möglichst noch weicheres und leicht saures Wasser benutzen.

Von den bisher beschriebenen drei Arten ist *C. punctulata* mit gut 10 cm Gesamtlänge die am größten werdende Art. Sie wird, wie auch der nur 8 cm groß werdende *Crenicara maculata* nur selten im Handel angeboten. „*C. praetoriusi*“ dürfte ein Synonym von *C. maculata* sein. Dagegen ist die dritte Art, *C. fila-*

mentosa, als Beifang des Roten Neon schon häufiger zu bekommen. Ausgefärbte Männchen gehören zu den schönsten Zwergcichliden. Allen Arten ist eine typische Zeichnung eigen, die durch zwei Reihen quadratischer dunkler Flecken gebildet wird, die schachbrettartig gegeneinander versetzt sind. Danach haben sie ihren deutschen Namen erhalten: Schachbrettcichliden.

Crenicara filamentosa – Gabelschwanz-Schachbrettbuntbarsch

Das schlanke, auffallend stumpfschnäuzige Fischchen ist als Männchen vor allem durch die lang zweizipfelig ausgezogene Schwanzflosse und durch seine rot, blau und schwarz leuchtenden Flossen ausgezeichnet. Die Weibchen bleiben mit höchstens 6 cm deutlich kleiner als die gut 9 cm lang werdenden Männchen. Sie sind zumeist schachbrettartig schwarzweiß gemustert. Ihre Flossen sind klar durchsichtig; zur Laichreife jedoch färben sich die Bauchflossen rötlich; bei der Brutpflege jedoch leuchten sie kräftig kirschrot.
Wer beim Kauf die Geschlechter schon unterscheiden kann – Gabelschwanz oder rötliche Bauchflossen – sollte sich möglichst mehrere Weibchen zu einem Männchen besorgen. Im Hinblick auf das Sozialgefüge sind sie den *Apistogramma*-Arten ähnlich. In reinen *Crenicara*-Becken sind die Fische zumeist recht scheu; auch hier empfiehlt es sich, Salmler oder Lebendgebärende zuzugesellen. Schachbrettcichliden lieben dichtbepflanzte Becken und eine Temperatur um 25° C. Auf Bruthöhlen können wir verzichten; sie werden nur selten angenommen. Gewöhnlich klebt das Weibchen seinen Laich auf ein waagerecht stehendes Pflanzenblatt oder auf einen flachen Stein. Ein Gelege umfaßt etwa 60 bis 120 Laichkörner. Anschließend vertreibt die Mutter drohend mit dem Kopf zum Boden zeigend jeden Beckenbewohner, der sich dem Gelege nähert, auch den Vater. Leider wird der Laich nicht selten gefressen, und wenn wir nicht sehr weiches Wasser zur Verfügung haben, verpilzt das Gelege. Die Larven schlüpfen nach etwa 60 Stunden; sie werden nicht in Sandgruben gebettet, sondern auf der Blattoberseite belassen. Bis zum Freischwimmen dauert es noch weitere 100 Stunden. Die Mutter sorgt noch mehrere Wochen für den Jungfischschwarm.

Die Gattung Nannacara

In ihrem Verhalten ähneln die Tiere aus dieser artenarmen Gattung weitgehend den *Apistogramma*-Arten. Auch bei diesen Südamerikanern trifft man die dort schon mehrfach beschriebenen Territorialverhältnisse an – also ein Großrevier für das Männchen und darin mehrere kleinere Weibchenreviere. Wir sollten das bei der Zusammenstellung der Geschlechter möglichst berücksichtigen; mehrere Männchen in einem Aquarium endet oft böse. Zumindest ist immer nur ein Männchen territorial; die anderen sind dann fortwährend mehr oder weniger auf der Flucht. Diese Erfahrungen wurden selbst in zwei Meter langen 320-Liter-Aquarien gemacht!

Nannacara anomala – Glänzender Zwergbuntbarsch

Wer die Tiere im Händlerbecken vor sich sieht, ahnt zumeist nicht, wie schön und interessant diese Zwergcichliden sind. Sie stellen keine besonderen Anforderungen an die Wasserzusammensetzung. Auch mittelhartes Wasser, möglichst schwach sauer, genügt den Fischen. Wenn möglich, sollten wir ihnen Lebendfutter geben; zur Not wird aber auch Trockenfutter angenommen.
Es ist fast unmöglich, die Färbung der Männchen zu beschreiben, da sie je nach ihrer Stimmung und vermutlich auch in Abhängigkeit von ihrer Herkunft die verschiedensten Muster und Farbtöne aufweisen. Die Schuppenränder schillern zumeist metallisch grün oder bläulich, während die Schuppen im Inneren jeweils einen kleinen dreieckigen Fleck aufweisen.
Die farblosen Weibchen bleiben wesentlich kleiner als die etwa 9 Zentimeter groß werdenden Männchen. Auch sie können ihre Zeichnung überraschend schnell verändern.
Nannacara anomala stammt aus Westguayana. Die Zucht ist so unproblematisch, daß man die Fische auch Anfängern ans Herz legen kann. Einzelne Paare können in gut bepflanzte 50- bis 70-Liter-Becken mit weichem oder mittelhartem Wasser von etwa 25° C eingesetzt werden. Sehr bald wird das Männchen unermüdlich um sein Weibchen werben. Die eigentliche Paarbildung beginnt erst, wenn das Weibchen laichbereit ist. Dann verliert es seine dunkle Körperzeichnung, nimmt eine schmutzigbraune Färbung an und folgt dem balzenden Männchen. Nun beginnt das Paar an verschiedenen Stellen flache Steine oder Höhlen mit schnellen Mundbewegungen zu reinigen. Bald sieht man die Fische nur noch an einer einzigen Stelle putzen, am erwählten Ablaichort. Schließlich klebt das Weibchen mit der Legepapille ein Ei neben das andere. In den kurzen Laichpausen gleitet auch das Männchen über die Eier und besamt sie. Das Ablaichen dauert etwa eine halbe Stunde, dann sitzen die 50 bis 300 Eier in einem kreisförmigen Gelege gleichmäßig nebeneinander.
Sobald das letzte Ei gelegt und besamt ist, endet die Partnerschaft. Nun müssen wir das Männchen aus dem Zuchtbecken herausfangen. Anderenfalls würde das kleinere Weibchen seinen Exgatten erbarmungslos hin- und herjagen, oft sogar umbringen.
Schon während der Eiablage legt das Weibchen sein Mutterkleid an: auf dunklem Untergrund 2 bis 3 Reihen grober heller Flecken. Nach etwa 48 Stunden

schlüpfen die Dottersacklarven, die von der Mutter aus der Eihülle gesaugt und in eine Grube getragen werden.
Nach weiteren 5 Tagen schwimmen die Kleinen frei und bilden einen dichten Schwarm, der nun von der Mutter geführt wird. Attrappenversuche von KUENZER bewiesen, daß als Auslöser für das Nachfolgeverhalten der Jungen die Schwarzweißfärbung der Mutter und ihre ruckartige Schwimmweise dienen.

Bild 20: Ein ungleiches Paar: Oben das stattliche *Nannacara anomala*-Männchen, unten das „zarte" Weibchen. – Aufnahme: B. Kahl

Wer nun allerdings aus diesen Zuchterfahrungen heraus verhaltenskundliche Aussagen zum Familienleben der *N. anomala* ableiten will, begeht einen Fehler. In großen Aquarien übernimmt das Männchen das Außenrevier und bewacht zunächst indirekt seine Brut. Wenn die Jungen einige Tage freischwimmen, betreut es oftmals auch direkt einen Teil der Jungfische. Der Vater bekommt dann ein ähnliches Schwarzweißmuster wie die Mutter – klar, wenn die Jungen ihm nachfolgen sollen. Manchmal gibt es sogar regelrechte Kämpfe um die Pflege der freischwimmenden Brut. In solchen Fällen siegt, anders als bei Auseinandersetzungen nach der Eiablage, regelmäßig der Vater.

Nannacara taenia – Gebänderter Zwergbuntbarsch

Die zweite *Nannacara*-Art, *Nannacara taenia,* sieht man leider nur ganz selten. Sie stammt aus dem Amazonasgebiet und soll nur maximal 6 cm groß werden. Sie ähnelt der vorhergehenden Art, ist aber bei aller Variabilität ihrer Färbung und Zeichnung durch viel ausgeprägtere Streifenmuster ausgezeichnet. Durch das Auge gehen ein etwas nach hinten gebogener senkrechter Querstreifen und ein von der Maulspitze bis zur Schwanzwurzel reichender Längsstreifen. Unter diesem Körperlängsstreifen sind meist parallel dazu noch drei weitere und darüber ebenfalls noch ein oder zwei dünnere Streifen. Quer dazu findet man beim Weibchen meist auch noch einige kräftige Binden.
Auf gesonderte Angaben zur Haltung und Zucht dieser Art will ich verzichten, da sie in allen wesentlichen Punkten denen von *N. anomala* gleichen.

Die Gattung Aequidens

Auch in der Gruppe der *Aequidens*-Arten gibt es einen kleinen, ganz reizenden Vertreter, den wir zu den Zwergcichliden zählen: *Aequidens curviceps,* den Tüpfelbuntbarsch. In ihrer Heimat werden die Tiere zwar manchmal gut 10 Zentimeter groß; im Aquarium dagegen erreichen sie nur selten mehr als 7 cm Gesamtlänge.
Die Fische bilden eine typische Elternfamilie, zeigen daher auch (fast) keinen Geschlechtsdimorphismus. Die Zusammenstellung eines Paares bereitet also Schwierigkeiten. Bei erwachsenen Tieren wird man die Männchen oft an ihren kräftiger entwickelten Rücken- und Afterflossen erkennen. Aber auch die zumeist etwas kleiner bleibenden Weibchen haben oftmals zugespitzte Flossen.
Obwohl der Tüpfelbuntbarsch aus dem Amazonasgebiet stammt, kann er unbedenklich auch in mittelhartem Wasser gehalten und gezüchtet werden. Allerdings sollte das Wasser regelmäßig teilweise erneuert werden, da die Tiere in Altwasser sehr leicht erkranken.
Man kann diese Buntbarsche auch in recht kleinen Aquarien relativ leicht zur Fortpflanzung bringen. Wie bei allen Cichliden fördert eine gute, abwechslungsreiche Fütterung mit Lebendfutter die Laichbereitschaft. Die Wassertemperatur

kann zwischen 20 und 30° C liegen, doch dürften die Vorzugstemperaturen im mittleren Bereich, also zwischen 23 und 27° C schwanken.
Die Tüpfelbuntbarsche graben auch zur Laichzeit kaum jemals Pflanzen aus. Deshalb stören sie auch in schön bepflanzten Gesellschaftsaquarien nicht, zumal sie untereinander und gegen andere Arten sehr friedfertig sind. Es dürfte kaum einen friedlicheren Cichliden als den Tüpfelbuntbarsch geben. Als Laichsubstrat wird zumeist ein flacher Stein gewählt, manchmal auch eine Baumwurzel. In der Regel umfaßt ein Gelege bis zu 300 Eier; besonders große Weibchen sollen es gelegentlich aber sogar auf die dreifache Eizahl bringen.
Wenn die Larven geschlüpft sind, werden sie in Gruben getragen und bis zu ihrem Freischwimmen bewacht. Sofort nach dem Freischwimmen füttern wir mit frischgeschlüpften *Artemia*-Nauplien an. Wenn die Eltern das erste oder zweite Gelege auffressen, darf uns das nicht entmutigen. Zumeist erweisen sie sich wenig später als ganz vortreffliche Brutpfleger. Wir sollten diese Art nicht künstlich aufziehen; nicht nur, weil wir uns dann um das reizende Bild einer *curviceps*-Familie betrügen würden, sondern auch, um nicht verhaltensmäßig degenerierte, laichfressende Stämme heranzuzüchten.

Die ehemalige Gattung Pelmatochromis

Vorwiegend im tropischen West- und Zentralafrika sind einige kleinere und mittelgroße Cichliden zu Hause, die früher zur Gattung *Pelmatochromis* gezählt wurden. Einige von ihnen darf man als echte Zwergcichliden bezeichnen. Eine mehrmalige Überarbeitung dieser Fischgruppe erbrachte für die Wissenschaft eine Vielzahl neuer Namen und für uns die Notwendigkeit umzulernen.
Die meisten Kleincichliden aus der ehemaligen Gattung *Pelmatochromis* wurden 1971 in die neue Gattung *Pelvicachromis* gestellt. Dazu sind vor allem zu zählen: *P. humilis,* Sierra Leone bis Südost-Guinea, bis zu 12,5 cm; *P. pulcher* (früher: *kribensis, aureocephalus, camerunensis*), Südnigeria, bis 10 cm, im Freiwasser selten auch größer; *P. roloffi,* Sierra Leone, Guinea, Liberia, bis zu 9 cm; *P. taeniatus* (früher oft als *klugei* oder *kribensis* bezeichnet), Südwestkamerun bis Nigeria, etwa 8 cm; *P. subocellatus,* Kongo bis Gabun, etwa 10 cm.
Bekanntester Angehöriger der neugeschaffenen Gattung *Chromidotilapia* ist *C. guentheri,* ein ruhiger, friedlicher Maulbrüter, der aber bis zu 18 cm groß wird. Auch die anderen Angehörigen dieser Gattung werden so groß, daß sie nicht mehr zu den Zwergcichliden gezählt werden können. Als Ausnahme mag der seltene, aus dem Kongo-Gebiet stammende *C. schoutedeni* erwähnt sein, über den aber noch kaum etwas bekannt ist.

Thysia ansorgei wurde früher auch zur Gattung *Pelmatochromis* gezählt. Man nannte ihn *P. arnoldi* oder *P. annectens.* Es ist ein friedlicher Fisch, der allerdings nicht besonders attraktiv aussieht. Da er überdies mit einer möglichen Gesamtlänge von 13 cm aus dem Rahmen der eigentlichen Zwergcichliden herausfällt, soll es bei dieser kurzen Erwähnung bleiben.
Als letzter Zwergcichlide sei hier noch auf den Afrikanischen Schmetterlingsbuntbarsch hingewiesen, der seinen Namen *Pelmatochromis thomasi* immer noch zu recht trägt.

Pelvicachromis pulcher – Königscichlide

Diese auch als Purpur-Prachtbarsch bezeichnete Art trägt ihren lateinischen Namen „schön" voll zu recht. Am hinteren Teil der Rückenflosse und in der oberen Hälfte der Schwanzflosse finden sich oft, aber nicht immer, schwarze, gelb eingerahmte Flecken, sogenannte Augenflecke. Je nach ihrer Herkunft sehen die Tiere recht verschieden aus. Vielleicht müssen noch einige Formen aus der Art *P. pulcher* herausgenommen werden.
Die Königscichliden sind im Bereich des Unterlaufs der Flüsse Niger und Kribi zu Hause. Oft dringen sie selbst bis in die Brackwasserzonen vor. Die Wasser-

Bild 21: *Pelvicachromis pulcher*-Männchen. – Aufnahme: J. Vierke

Bild 22: Ablaichendes *Pelvicachromis pulcher*-Weibchen in der Höhle. – Aufnahme: J. Vierke

härte spielt daher nur eine untergeordnete Rolle. In ihrer Heimat leben sie gern im Bereich stärker fließender Flüsse. Dort aber halten sie sich vorzugsweise in sehr dicht mit Unterwasserpflanzen bewachsenen Randgebieten auf, in denen die Wasserströmung stark gebremst ist. Da wühlen sie im Bodengrund und fangen Kleintiere. Ihre Laichhöhlen bauen sie sich selbst, indem sie – wieder im Bereich des Unterwasserdschungels – Sand unter einem Stein oder einem Ast ausgraben. Sie kleben ihre Eier dann an das Dach der Höhle.

Im Freiwasser beansprucht *P. pulcher* ein Brutrevier von etwa ¼ m^2. Das ist für Buntbarschverhältnisse relativ wenig. Übertragen auf das Raumangebot in unseren Aquarien sollte uns das aber zu denken geben.

Es empfiehlt sich, die Tiere in kleineren Aquarien paarweise zu halten. Laichfähige Weibchen sind leicht am kräftig roten, angeschwollenen Bauch und an den mehr oder weniger abgerundeten Rücken- und Afterflossen zu erkennen. Das Becken soll gut bepflanzt und gegliedert sein und Höhlen aufweisen. Dann wird sich das Graben – bis auf wenige Ausnahmefälle – nur noch auf den Bereich der Bruthöhle beschränken.

Nach dem Ablaichen der 200 bis 300 Eier darf sich der Vater nicht mehr bei der Bruthöhle zeigen. Sonst wird die Mutter giftig. In zu kleinen Aquarien müssen wir ihn manchmal vor der Aggression seiner Gattin retten. In genügend großen Becken übernimmt er jedoch die Verteidigung der Reviergrenzen. Wenn die

Jungen dann nach 8 bis 9 Tagen freischwimmen, beteiligt sich der Vater zumeist völlig gleichberechtigt an der Pflege und Führung seines Nachwuchses. Sowie die Jungen freischwimmen, müssen wir ihnen frischgeschlüpfte *Artemia*-Nauplien anbieten. Bei guter Fütterung kann die Nachzucht nach 7 bis 8 Monaten bereits selbst geschlechtsreif sein. Oft werden die Tiere zu warm gehalten; die optimalen Temperaturen liegen um 24° C.

Pelvicachromis taeniatus – Gestreifter Prachtbarsch

Wie bei vielen Arten ist der im Deutschen eingeführte Name irreführend. Da er aber einmal eingeführt ist, soll er hier auch beibehalten bleiben. Auch vom Gestreiften Prachtbarsch gibt es mehrere geographische Rassen. Am bekanntesten ist die aus Südwest-Kamerun stammende Form aus dem Einzugsgebiet des Lobe-Flusses. Die Männchen dieser Unterart haben keine Flecken in der Schwanzflosse. Eine andere Rasse stammt aus dem Fluß Kienke in Mittelwest-Kamerun. Sie besitzt im oberen Teil der Schwanzflosse neben einem leuchtend roten Rand kräftige schwarze, goldgerandete Augenflecke.
Auch die früher als *P. klugei* bezeichnete Form aus Westkamerun und den angrenzenden Teilen Nigerias hat ähnliche Flecken in der Schwanzflosse und in ihrem unteren Teil zusätzlich eine Längsstreifenzeichnung. Die Körperschuppen der Männchen sind an den Rändern besonders dunkel gefärbt, so daß ihr Leib dekorativ wie von einem Maschendrahtgitter überzogen zu sein scheint. Die Weibchen sind an ihren grünblauen bis violettblauen Bäuchen zu erkennen.
Die Fortpflanzung entspricht etwa der von *P. pulcher*. Ein Gelege erbringt 40 bis 150 Eier. Die Tiere laichen willig ab. Im Gegensatz zu *P. pulcher* ist die Aufzucht leider oft problematisch, da die Fische sehr empfindlich gegen Infusorien sind. Es gibt auch andere Erfahrungen. Offenbar hängt das ganz von der Herkunft der Tiere ab. Manche stammen aus brackigen Flußmündungen, in denen sie zusammen mit *P. pulcher* vorkommen, andere aus kleinen Urwaldbächen.

Pelvicachromis subocellatus – Augenfleck-Prachtbarsch

P. subocellatus stammt aus dem äquatorialen Afrika von Gabun bis zum unteren Kongo. Er ist kompakter als die vorgenannten Arten gebaut und lebt in den Flußmündungen bis ins Brackwassergebiet. Man findet ihn auch in den zeitweise Süßwasser, zeitweise Brackwasser führenden Lagunen dicht hinter der Küste. Leider wird dieser sehr schöne und nicht schwierig zu pflegende Cichlide nur recht sporadisch angeboten. Besonders die Balzfärbung der Weibchen ist wunderschön: das vordere und das hintere Drittel des Körpers ist dann fast schwarz, während der mittlere Teil sattelartig hell ist. Die obere Zone des Sattels und der angrenzende Teil der Rückenflosse glänzen silberweiß, die untere Hälfte und die Bauchflossen strahlen kräftig rot. Im übrigen ist die Färbung der Tiere

so variabel, daß eine genauere Beschreibung sinnlos wäre. Ich will nur noch auf den bei den Weibchen vorhandenen Augenfleck hinweisen, der sich im hinteren Teil der Rückenflosse befindet. Auf ihn bezieht sich der lateinische Artname.
Die Haltung und Zucht erfolgt wie bei *P. pulcher.* Wenn es bei Wildfängen Eingewöhnungsschwierigkeiten gibt und sie nicht ans Futter gehen wollen, wird ein Salzzusatz von bis zu 7 g Kochsalz pro Liter empfohlen.
P. subocellatus ähnliche Formen kommen auch aus Südnigeria. Ob es sich dabei um gesonderte Rassen dieser Art oder um Formen einer noch unbeschriebenen Art handelt, ist noch nicht geklärt.

Pelvicachromis roloffi – Goldener Prachtbarsch

Auch bei dieser Art, die in Sierra Leone und in den angrenzenden Gebieten Liberias und Guineas vorkommt, ist das Weibchen farbenprächtiger als das Männchen. Es ist goldgelb gefärbt und hat eine kräftig violett getönte Bauchzone. In der Schwanzflosse und an der Basis der Rückenflosse sind oft ein oder mehrere Augenflecke.
Die Haltung und Zucht dieser seltenen Art ist viel schwieriger als die der eben besprochenen *Pelvicachromis*-Arten und daher nur erfahrenen Aquarianern zu empfehlen.

Pelmatochromis thomasi – Afrikanischer Schmetterlingsbuntbarsch

Wie der Schmetterlingsbuntbarsch *Apistogramma ramirezi* aus dem Kreis der *Apistogramma*-Arten durch Aussehen und Verhalten herausfällt, so unterscheidet sich der in Sierra Leone, in Südost-Guinea und West-Liberia beheimatete *Pelmatochromis thomasi* von den *Pelvicachromis*-Arten. Zudem ähnelt er in Gestalt, Bewegungsweise und Brutpflegeverhalten so stark seinem südamerikanischen Gegenstück, daß man *P. thomasi* mit Recht auch als „Afrikanischen Schmetterlingsbuntbarsch“ bezeichnet. Allerdings hat diese Ähnlichkeit nichts mit Verwandtschaft in systematischer Hinsicht zu tun.
Die ersten Hartstrahlen in der Rückenflosse der *ramirezi* sind tiefschwarz gefärbt und oft verlängert. Das fehlt bei *P. thomasi.* Auch hat der Afrikaner keinen apistogramma-artig nach hinten weisenden Wangenstrich. Sein Wangenstrich ist nach vorne gerichtet.
Erst wenn sich Paare bilden, sind die Geschlechter sicher zu erkennen. Das Weibchen bleibt mit etwa 7 cm kleiner als der bis zu 10 cm groß werdende Partner. Bei der Paarbildung haben die Weibchen schon deutlich gerundete Bäuche. Bald beginnen die Fische in ihrem Revier Steine und Wurzeln zu säubern. Besonders das Weibchen ist dabei sehr eifrig. Schließlich wird nur noch der zukünftige Laichstein geputzt, und die Eier werden an das Substrat geheftet und be-

samt. Nach etwa einer halben Stunde ist das Gelege mit 300 bis 400 Eiern vollzählig. Nun betreuen beide Eltern abwechselnd den Laich.
Nach etwa 48 Stunden beginnen sich die Embryonen in den Eihüllen zu bewegen. Die Eltern helfen beim Schlupf der Jungen und tragen sie zu den schon am Vortag ausgehobenen Gruben. Nach vier bis fünf Tagen haben die Larven ihren Dottersack verbraucht, sie erheben sich über der Grube, schließen sich zum Schwarm zusammen und lassen sich von den Eltern führen.
Die Haltung und Zucht dieser ansprechenden und friedlichen Art ist problemlos und daher auch noch unerfahrenen Zierfischpflegern zu empfehlen, auch im Gesellschaftsbecken. Als Richtwert für die Wassertemperatur sei 25° C genannt. Die weiteren Wasserwerte sind unbedeutend.

Bild 23: Das Gegenstück zum Schmetterlingsbuntbarsch aus Südamerika ist der Afrikanische Schmetterlingsbuntbarsch *Pelmatochromis thomasi.* – Aufnahme: B. Kahl

Die Gattung Nanochromis

In dieser Gattung sind einige mit der *Pelmatochromis-Pelvicachromis*-Gruppe nahe verwandte sehr schlanke Fischchen vereinigt. In unseren Aquarien werden derzeit nur die beiden Arten *N. nudiceps,* der Blaue Kongocichlide, und *N. dimidiatus,* der Rote Kongocichlide, gehalten. Von den übrigen Arten, sechs bis acht weitere Formen sind noch bekannt, haben noch keine den Weg in die Aquarien gefunden.

Die beiden Kongozwergbuntbarsche pflegen wir möglichst in weichem Wasser, wenngleich sie auch bei 20° dGH noch zu halten sind. Die günstigsten Temperaturen liegen um 25° C. Die Zucht ist nicht einfach. Manchmal gelingt sie auch schon in kleinen Becken. Hauptsache, das Aquarium ist gut bepflanzt und mit einer Höhle ausgestattet. Probleme bereitet das Zusammensetzen der Zuchttiere. Es kommt dabei sehr leicht zu Kämpfen auf Leben und Tod. Dann trennt man die Fische für einige Tage durch eine quer ins Aquarium gestellte Glasscheibe. Danach gelingt das Zusammensetzen meist recht gut.

Die Kongocichliden laichen in Höhlen, aus denen sie den Sand gern selbst herausbaggern. Ihre 60 bis 80 gelblichen oder rötlichen Eier – ausnahmsweise sollen sogar bis zu 250 Eier abgelaicht werden – hängen an kleinen Fäden an der Höhlendecke. Nach dem Ablaichen gibt es in kleinen Becken meist Streit zwischen den Partnern. Dann ist das Männchen unverzüglich herauszufangen, anderenfalls wird es umgebracht. In genügend großen Aquarien beteiligt sich der Vater nach dem Freischwimmen der Brut an ihrer Aufzucht.

Nach drei bis vier Tagen schlüpfen die Jungen, und nach weiteren drei Tagen schwimmen sie frei. Auf jeden Fall soll man die Brut beim Weibchen belassen. Der Versuch, die Eier künstlich auszubrüten, ist bisher fast immer gescheitert.

Im Kongo leben noch einige weitere, nicht zur Gattung *Nanochromis* gezählte, aber sehr interessante Buntbarsche, die ebenfalls stark an die Strömung angepaßt sind: *Steatocranus casuarius* mit seinem imposanten Kopfbuckel, *Lamprologus congolensis, Leptotilapia tinanti* mit seinem riesigen Schaufelmaul und der dunkelbraune *Teleogramma brichardi,* um nur die bekanntesten zu nennen. Sie alle sind sehr schlanke Bodenfische, die ihre Eier in Höhlen und Gesteinsspalten ablegen.

Nanochromis nudiceps – Blauer Kongocichlide

Blaue Kongocichliden werden in der Nähe von Kinshasa gefangen. Die Männchen erreichen etwa 8 cm Gesamtlänge, die Weibchen nur etwa 6 cm. Ihr stark gestreckter Körperbau zeigt, daß sie an schnell fließende Gewässer angepaßt sind. Die blaßgrau oder fahlgelb gefärbten Fische zeigen erst bei entsprechender

Bild 24: Aus den Stromschnellen des Kongos stammt *Nanochromis nudiceps,* das Männchen wird etwa 8 cm lang. – Aufnahme: H. Jung

Beleuchtung ihre blaugrün oder violett glänzenden Körperschuppen. Laichbereite Weibchen haben einen unförmig aufgetriebenen Leib, während die Männchen mit ihrem eingefallenen Bauch regelrecht verhungert aussehen. Beim geschlechtsreifen Weibchen tritt die Genitalpapille auch außerhalb der Laichzeit hervor. Auch das Männchen zeigt häufig seine deutlich hervortretende Genitalpapille.

Nanochromis dimidiatus – Roter Kongocichlide

Der Rote Kongocichlide stammt aus dem Ubangi, einem Nebenfluß des Kongo. Im Habitus ähnelt er mehr als sein blauer Verwandter einigen *Pelvicachromis*-Arten, z. B. *P. taeniatus.* Die Fische werden etwa 7 cm groß; die Männchen können auch noch einen Zentimeter größer werden.
Ihre Grundfarbe ist je nach Stimmung grau bis orange. Die Bauch- und Brustpartie ist besonders intensiv gefärbt. Sie kann beim Männchen während der Balz leuchtend rot sein. Balzende Weibchen haben einen stark lilaroten Bauch. Ein weiterer schöner Schmuck der Weibchen ist ihre Rückenflosse, deren Rand sil-

Bild 25: *Nanochromis dimidiatus* lebt in den langsam fließenden Stellen des Urwaldgewässers des Ubangi (Kongogebiet). Die Jungen werden von ihren Eltern geführt. – Aufnahme: H. Jung

bergrün und weißlich gefärbt ist. Im Gegensatz zu *N. nudiceps* tritt die Laichpapille erst wenige Stunden vor dem Ablaichen hervor.

Die Gattung Pseudocrenilabrus

Hier sind sehr genügsame und interessante kleine Maulbrüter aus Afrika zusammengeschlossen. Sie stellen weder an das Futter noch an die Wasserqualität besondere Ansprüche. Es sind relativ friedliche Fische, die allerdings hin und wieder graben. Zur Fortpflanzungszeit bauen sie im Sand Gruben für die Eiablage. Zumeist bleibt ihr Wühlen aber selbst im Gesellschaftsaquarium in erträglichem Rahmen.
Ursprünglich gehörten die Arten dieser Gattung, die zeitweilig auch als *Hemihaplochromis* bezeichnet wurden, in die große Gattung *Haplochromis.* Heute hat man die als *Pseudocrenilabrus* bezeichneten Fische von denjenigen Arten abge-

grenzt, die in den Afterflossen typische runde, gelbe oder rote Flecken tragen, die als Eiattrappen dienen. Auch diese *Haplochromis*-Arten sind schöne und interessante Fische. Aufgrund ihrer Größe und wegen ihrer manchmal nicht unbeträchtlichen Wühlerei bleiben sie hier aber außer Betracht.

Auch die Männchen der *Pseudocrenilabrus*-Arten haben in ihrer Afterflosse Flecken, die dem Weibchen Eier vortäuschen. Dazu dient ihr gelblicher oder rötlicher Endzipfel. Vielfach nimmt das Weibchen die gerade abgelegten Eier als echter Maulbrüter schon ins Maul, bevor der Vater sie besamen konnte. Dann folgt die Mutter dem besamend über den Boden streichenden Männchen, kommt dabei seiner Genitalgegend sehr nahe und ergreift dann vielfach das Ende seiner Afterflosse, das nun in Form, Größe und Farbe einem Ei – das sie ja aufnehmen müßte! – täuschend ähnlich sieht. Bei dieser Gelegenheit bekommt sie Spermien in ihr Maul – die Befruchtung der dort schon zusammengetragenen Eier kann erfolgen!

An der Eiattrappe sind die Männchen klar von den zumeist auch deutlich kleiner bleibenden Weibchen zu unterscheiden, ferner an ihren viel prächtigeren Farben. Auch in diesem Fall sollte man sich beim Kauf möglichst mehr Weibchen als Männchen zulegen, auch wenn die Sozialstruktur der *Pseudocrenilabrus*-Arten völlig anders ist als bei den Fischen, bei denen ich sonst diesen Ratschlag gebe: die Mutter trägt den Laich knapp zwei Wochen im Maul und kann während dieser Zeit nicht fressen. Das ist natürlich sehr anstrengend, und man muß dafür sorgen, daß sie nicht allzuschnell wieder den Verführungskünsten ihres Männchens ausgesetzt ist. Wenn die Maulbrutphasen zu schnell aufeinanderfolgen, ist das Weibchen schnell verbraucht. Drei Weibchen würden helfen, die Last der Mutterschaft auf drei zu verteilen.

Pseudocrenilabrus multicolor – Vielfarbiger Maulbrüter

Diese im Deutschen auch als Kleiner Maulbrüter bezeichnete Art gehört zu unseren ältesten Aquarienfischen und ist in der Tat wohl der kleinste und zugleich genügsamste Maulbrüter. Die Männchen werden knapp 8 cm groß. In ihrer Heimat, im ganzen östlichen Afrika vom unteren Nil bis nach Uganda und bis nach Moçambique, ist die Art nicht selten. Zur Haltung und Zucht sind auch hier 23 bis 26° C angemessen.

Man kann die Tiere leicht auch im Gesellschaftsaquarium züchten. Das Männchen baut zur Laichzeit durch lebhaftes Drehen im Kreise und durch Wedeln mit den Flossen eine Grube in den Sand. Größere Steine werden mit dem Maule fortgeschoben. Anschließend sucht es ein Weibchen herbeizulocken. Nach dem Ablaichen der 30 bis 100 Eier und deren Aufnahme in ihren Kehlsack sollte das Weibchen vor weiteren Zudringlichkeiten des Exgatten geschützt werden. Wir finden es meistens schweratmend in einer einigermaßen durch Schwimmpflanzen oder dgl. geschützten Aquarienecke. Wir treiben es unter Wasser vor-

sichtig in ein Glas und überführen es mit dem Glas in ein anderes Becken. Wenn wir es mit dem Kescher herausfangen, spuckt es die gerade aufgenommenen Eier leicht wieder aus. Haben wir in einem Zuchtbecken nur ein „Pärchen", ist es natürlich einfacher und viel sicherer, das Männchen herauszufangen.
Nach etwa 11 bis 12 Tagen verlassen die Jungen erstmals das Maul ihrer Mutter. Erst jetzt dürfen wir der Mutter wieder Futter anbieten! Nun können wir die Familie schon trennen. Riskanter, aber auch schöner ist es, die Tiere noch einige Tage zu beobachten. Bei vermeintlicher oder wirklicher Gefahr und zur Nacht kehren die Kleinen noch mehrere Tage zurück in das mütterliche Maul. Mit *Artemien* sind sie leicht großzuziehen. Die Mutter sollte man erst einen Monat kräftig füttern, bevor man sie wieder zum Männchen setzt.

Pseudocrenilabrus philander – Kupfermaulbrüter

Dieser je nach Beleuchtung und Stimmung gold oder grünlich schillernde Fisch kommt in fast allen afrikanischen Staaten südlich von Angola, Sambia und Moçambique vor. Er ist dort in Flüssen und Seen verbreitet und bildet viele Unterarten. Einige Rassen werden 12 cm groß, andere erreichen nur etwa 8 cm. – Die Weibchen unterscheiden sich von *P. multicolor*-Weibchen durch ihre Schwanzflosse: die untere Hälfte ist bei *P. philander*-Weibchen deutlich gelb.
Die Pflege und Zucht erfolgt wie bei *P. multicolor.* Beide Arten sollten nicht gemeinsam gehalten werden, da dann mit Bastardierungen zu rechnen ist.

Die Gattung Julidochromis

Mit Recht gehören diese als Schlankcichliden bezeichneten Fische zu den begehrtesten Zwergbuntbarschen. Sie sind zum Teil so dekorativ gefärbt, daß man sie mit Korallenfischen vergleichen kann. Zudem sind sie anspruchslos. Sie nehmen jedes Futter an, und ihr bevorzugtes Wasser ist hart, also so, wie es in den meisten Haushaltungen aus der Leitung fließt.
Man kann Schlankcichliden in zweckmäßig, also in mit viel Höhlenverstecken ausgestatteten Gesellschaftsaquarien halten und sogar züchten. Viel mehr Freude hat man an ihnen, wenn man ihnen ein wie auf S. 15 beschriebenes Geröllaquarium einrichtet und darin nur eine Art pflegt. Natürlich kann man Ähnliches auch aus Schieferplatten bauen. Ein *Julidochromis*-Artbecken in einer Größe von 80 cm Länge ist schon ausgezeichnet; ideal wäre es natürlich noch größer. Als erster Besatz genügt ein Paar; im Laufe von einigen Monaten sorgt der Nachwuchs für den Restbesatz.

Das einzige Problem, das uns Schlankcichliden aufgeben, ist der Erstbesatz. Hier ist man weitgehend vom Glück abhängig. Die Geschlechter sind nicht sicher auseinanderzuhalten. Wenn wir ein Tier zu einem im Becken schon alteingesessenen Einzeltier setzen, gibt es mit großer Sicherheit Mord und Totschlag. Besser ist es, die beiden Elterntiere in spe gleichzeitig in eine ihnen fremde Umgebung zu setzen. Auf jeden Fall aber sollten wir bereit sein, notfalls die „Trennscheiben-Methode" anzuwenden, wie ich sie bei *Nanochromis* beschrieben habe.
Auch bei relativ geringen Störungen – Einsetzen neuer Pflanzen, teilweiser Wasserwechsel – können sich selbst altvertraute Paare wieder zerstreiten. Also Vorsicht beim Hantieren am Becken! Ansonsten erleben wir in einem gut eingefahrenen *Julidochromis*-Artbecken, wie im Revier der Eltern Generation auf Generation an jungen Schlankcichliden heranwachsen. Wenn die Jungtiere eine gewisse Größe erreicht haben, überlassen sie das elterliche Revier ihren jüngeren Geschwistern und schwimmen zu den „Halbstarken" im anderen Teil des Aquariums. In einem 80-cm-Aquarium können unproblematisch auch zwei *Julidochromis ornatus*-Paare miteinanderleben.
Die fünf bisher bekannten Arten stammen alle aus dem Tanganjika-See:
J. marlieri, Körper dunkelbraun, mit 3 Längsreihen weißlicher Flecken. Nordspitze des T.-Sees, bis 13 cm.
J. transcriptus, Körper in der oberen Hälfte schwarz mit 2 weißlichen, unterbrochenen Fleckenreihen. Unterseits hell. Nordspitze des T.-Sees, bis 7 cm.
J. regani, Körper mit vier Längsstreifen, oberster direkt am Brustflossenansatz, weitverbreitet im T.-See, bis 13 cm.
J. ornatus, Körper mit drei Längsstreifen, großer runder schwarzer Fleck am Grunde der Schwanzflossenbasis, Nord- und Südspitze des T.-Sees, bis 8,5 cm.
J. dickfeldi, drei Körperlängsstreifen, ohne Schwanzwurzelfleck. Südwesten des T.-Sees, bis 8,5 cm.
Von der Größe her dürfen wir eigentlich nur die Arten *J. transcriptus, J. ornatus* und *J. dickfeldi* zu den Zwergcichliden zählen. Sie unterscheiden sich im Freiwasser auch in ökologischer Hinsicht von ihren größeren Verwandten. Während *J. marlieri* und *J. regani* in Tiefen zwischen 2 und 20 Metern in typischen Felslandschaften leben, sollen die kleineren Arten eine Wassertiefe von 1 bis 4 Metern bevorzugen, und zwar in einem an Sandregionen grenzenden Gebiet mit einem Untergrund von Geröll, Grobkies und Steinplatten.

Julidochromis ornatus – Gelber Schlankcichlide

In den Jahren 1958 und 59 wurde *J. ornatus* am Nordende des Tanganjika-Sees gefangen und nach Deutschland gebracht. Unsere Aquarienfische sind fast alle Nachkommen dieser Tiere. Erst 1975 wurden auch aus dem Süden des Sees *J. ornatus* eingeführt. Sie unterscheiden sich von der goldgelbschwarz gestreiften bekannteren Nordrasse durch ihre blasse, weißliche Grundfarbe.

In hartem oder mittelhartem Wasser von etwa 25° C ist dieser Schlankcichlide ein völlig unproblematischer Fisch. Er benötigt aber viele Höhlenverstecke im Aquarium. Im Hinblick auf Steinaufbauten kann man gar nicht übertreiben – vorausgesetzt, sie sind stabil.

Die graugrünen Eier werden in Felsspalten an Stellen abgesetzt, in die man kaum einsehen kann. Es sind zumeist nur 20 bis 35, oft auch weniger. Die Dottersacklarven hängen noch einige Tage mit einem von einer Stirndrüse abgesonderten Haftfaden am Höhlendach. Nach dem Freischwimmen verlassen sie zunächst nur ungern die Höhle. Es ist interessant zu beobachten, daß sie immer bestrebt sind, mit ihrer Bauchseite Kontakt zum Stein zu halten. Unter der Höhlendecke schwimmen sie also mit der Bauchseite nach oben zeigend.

Die Eltern kümmern sich kaum um den Laich und um die Jungen überhaupt nicht. Andererseits wird der Nachwuchs nicht von den Eltern verfolgt. Durch das stark ausgeprägte Revierverhalten der Altfische genießen die Jungen indirekt wirksamen Schutz, weil sie mehrere Wochen in der unmittelbaren Umgebung der Bruthöhle bleiben. Auch untereinander zeigen die Kleinen keinerlei Zusammenhalt. Sie sind sehr leicht mit *Artemien* aufzuziehen. Selbst mit feinzerriebenem Trockenfutter, das man anfeuchten muß, damit es langsam neben der Bruthöhle zu Boden sinkt, kann man die jungen *J. ornatus* aufziehen.

Julidochromis transcriptus – Schwarzweißer Schlankcichlide

Bild 26: *Julidochromis transcriptus* stammt aus der Nordspitze des Tanganjikasees und wird bis zu 7 cm lang. – Aufnahme: B. Kahl

J. transcriptus ist der kleinste Vertreter der Gattung. Die Art soll im Norden des Sees an der Küste Kiva (Luhanga und Makobola) vorkommen. Sie ist durch auffallend große Augen ausgezeichnet.
Aufgrund seines Fleckenmusters ist *J. transcriptus* mit Ausnahme von *J. marlieri* von allen anderen *Julidochromis*-Arten leicht zu unterscheiden. Doch auch mit ihm ist er nicht zu verwechseln, da *J. marlieri* drei weiße Fleckenreihen hat, *J. transcriptus* aber nur zwei. Die untere helle Reihe kann bei *J. transcriptus* aber stellenweise nach unten hin auslaufen und sich mit der hellen Bauchseite verbinden, so daß das dunkle Längsband sich nun seinerseits in eine Fleckenreihe auflöst. In der Pflege und im Verhalten gleichen die Fische der vorhergehenden Art.

Julidochromis dickfeldi – Brauner Schlankcichlide

Diese erst 1975 auf einer Sammelreise im Südwesten des Tanganjika-Sees entdeckte Art hat im Gegensatz zu den anderen *Julidochromis*-Arten eine hellbraune Grundfärbung. Die Flossen wirken sehr schön, da sie, von den Brustflossen abgesehen, alle mit einem leuchtend blauen Saum umgeben sind. Die Art ist derzeit noch sehr selten. Sie dürfte den anderen *Julidochromis*-Arten in der Pflege und im Verhalten entsprechen.

Weitere Kleincichliden aus dem Tanganjika-See

Der Tanganjika-See beherbergt noch eine Anzahl weiterer kleiner und wirklich empfehlenswerter Cichliden, die erst in jüngster Zeit zu uns gekommen sind. Sie alle verlangen wie die Julidochromis-Arten mittelhartes bis hartes Wasser mit einem leicht basischen pH-Wert (zwischen 7 und 8,5) und möglichst zahlreiche Höhlenverstecke.

Grundelbuntbarsche

Die possierlichen Grundelbuntbarsche sind von den hier beschriebenen Tanganjikasee-Cichliden die problematischsten. Im Hinblick auf das Futter sind sie nicht wählerisch. Sie stellen aber an den Reinheitsgrad des Wassers hohe Ansprüche, und wir werden ohne einen häufigen teilweisen Wasserwechsel wenig Freude an den Tieren haben. Sie brauchen unbedingt eine Durchlüftung und möglichst einen Filter.

Bild 27: Gähnender Tanganjika-Clown, *Eretmodus cyanostictus.* – Aufnahme: J. Vierke

Die Tiere sind echte Grundfische. Zumeist liegen sie dem Bodengrund auf. Mit ihrem unterständigen Maul weiden sie gern den Algenrasen auf den Steinen ab. Das freie Schwimmen bereitet ihnen sichtlich Anstrengung.
Besonders die Zucht der Grundelbuntbarsche bereitet große Schwierigkeiten. Die Tiere sind Maulbrüter, haben aber eine intensive Partnerbindung. Für Maulbrüter ist das ungewöhnlich. Das Ablaichen ist schon relativ häufig beobachtet worden. Die Fische laichen ganz ohne Hektik auf einem vorher gesäuberten Stein. Die Eier werden sofort vom Weibchen ins Maul genommen. Leider bleiben die Zuchtversuche meist in diesem Stadium stecken.
Die Grundelbuntbarsche werden derzeit noch zu drei verschiedenen Gattungen gezählt. Die am häufigsten importierte Art ist *Eretmodus cyanostictus,* der Tanganjikaclown. Er ist bräunlich gefärbt und hat auf den Körperseiten 8 oder 9 schmale helle Querstreifen. *Spathodus erythrodon* besitzt keine Streifen, hat dafür aber besonders am Kopf und in der Rückengegend leuchtend hellblaue Punkte. Die dritte bei uns eingeführte Art, *Tanganicodus irsacae,* hat sowohl die Querstreifen als auch die blauen Glanzpunkte. Im Vergleich zu den anderen Grundelbuntbarschen hat sie eine auffallend spitze Schnauze und ein verhältnismäßig kleines Maul.

Telmatochromis bifrenatus – Zweibandcichlide

Dieser nur etwa sechs Zentimeter groß werdende schlanke Fisch gehört zu den kleinsten Cichliden. Die auch Zweibandcichlide genannte Art ist durch einen an der Basis der langen Rückenflosse entlangführenden Längsstreifen sowie durch einen von der Maulspitze durch das Auge bis zur Schwanzwurzel reichenden zweiten Längsstreifen ausgezeichnet. Der zweite Streifen wird in der hinteren Körperhälfte von 6 bis 10 schmalen Schrägstrichen gekreuzt. Die Haltung und Zucht ähnelt in etwa *Julidochromis.*

Lamprologus leleupi – Tanganjika-Goldcichlide

Von dieser Art, die etwa 10 cm groß wird, gibt es zwei Formen: die schwärzliche Normalform *L. leleupi melas* und die einfarbig orangegelbe Unterart *L. leleupi leleupi.* Die Iris der Fische ist leuchtend blau gefärbt.
Eindeutig am beliebtesten ist die gelbe Form, die im Tanganjika-See in Tiefen von 15 bis 20 m angetroffen wird. Sie legt ihre bis zu 300 Eier an senkrechten Wänden ab. Die hierzu bereitgestellten „Höhlen“ sollen dabei besonders weite Eingänge haben, keine engen „Schlupflöcher“ wie bei *Nanochromis, Pelvicachromis* und anderen.
Nach etwa drei Tagen schlüpfen die Larven, nach weiteren sechs bis acht Tagen schwimmen die Jungen frei. Die Pflege der am Boden nach Futter (Artemien!) suchenden Jungen wird fast ausschließlich von der Mutter übernommen. In nicht zu weichem Wasser bereitet die Aufzucht der Jungen keine Probleme. Die Jungfische sind schmutzig graubraun und zeigen damit eine Färbung, die der Schreckfärbung der Alttiere gleicht. Am geeignetsten ist die Haltung von mehreren Tieren dieser recht friedlichen Art in mittelgroßen höhlen- und pflanzenreichen Aquarien.

Lamprologus brichardi – Feenbarsch

Dieser elegante und überaus beliebte Tanganjika-Cichlide soll den Abschluß des Büchleins bilden. Früher trug er den Namen *Lamprologus savoryi elongatus* und wurde „Prinzessin von Burundi“ genannt. Der deutsche Name Feenbarsch ist aber schöner. Obwohl er lebhaft und temperamentvoll ist, kann er doch im Gesellschaftsbecken gehalten werden. Auch er wird etwa zehn Zentimeter groß. Die Geschlechter sind nur schwer zu unterscheiden. Das Männchen ist unwesentlich größer, und seine Flossen sind etwas länger ausgezogen.
Die Zucht ist sehr einfach. Die etwa 200 Eier werden in Spalten und Höhlen abgelegt und vom Weibchen bewacht. Nach 60 bis 85 Stunden schlüpfen die Jungen, und nach weiteren drei Tagen schwimmen sie frei. Die Eltern stellen ihren Kindern auch später nicht nach. Daher ist ähnlich wie bei *Julidochromis*-Arten eine „Etagenzucht“ möglich.

Literatur

Die Auswahl beschränkt sich auf jüngere deutschsprachige Bücher und Zeitschriftenaufsätze, die in den meisten Fällen weiterführende Literaturhinweise geben. Die Abkürzungen der Aquarienzeitschriften:

AM – Aquarien-Magazin. Kosmos-Verlag, Stuttgart.
AT – Aquarien-Terrarien, Urania-Verlag, Leipzig.
DA – Das Aquarium. Engelbert Pfriem Verlag, Wuppertal-Elberfeld.
DATZ – Die Aquarien- und Terrarien-Zeitschrift. Kernen Verlag, Stuttgart.
DCG – DCG-Informationen (Zeitschrift der Deutschen Cichlidengesellschaft), Selbstverlag.

GOLDSTEIN, R. J. (1975): Buntbarsche fürs Aquarium. Kosmos. Stuttgart.
HEILIGENBERG, W. (1964): Ein Versuch zur ganzheitsbezogenen Analyse des Instinktverhaltens eines Fisches *(Pelmatochromis subocellatus kribensis)*. Z. Tierpsych. 1 – 52
KUENZER, E. u. P. (1962): Untersuchungen zur Brutpflege der Zwergcichliden *Apistogramma reitzigi* und *A. borellii.* Z. Tierpsych. 56 – 83
LINKE, H. (1975): Man nannte sie *Pelmatochromis* (I und II), DA, 431 – 434 und 481 – 484
LINKE, H. (1976): Man nannte sie *Pelmatochromis* III, DA, 10 – 15
LINKE, H. (1977): Man nannte sie *Pelmatochromis* (Die Gattung *Nanochromis*), DA, 111 – 114
MEINKEN, H. (1960): *Apistogramma trifasciatum haraldschultzi* subspec. nov. AT, 291 – 294
MEINKEN, H. (1961): Drei neu eingeführte *Apistogramma*-Arten aus Peru, eine davon wissenschaftlich neu. DATZ, 135 – 139
MEINKEN, H. (1962): Eine neue *Apistogramma*-Art aus dem mittleren Amazonasgebiet, zugleich mit dem Versuch einer Übersicht über die Gattung. Senck. biol., 137 – 143
MEINKEN, H. (1964): *Apistogramma kleei* spec. nov., der Querbinden-Zwergbarsch. DATZ, 293 – 297
NIEUWENHUIZEN, A. V D (1964): Zwergbuntbarsche. Kernen. Stuttgart.
PAULO, J. (1976): Anmerkungen zur Haltung und Zucht von *Lamprologus léleupi,* DCG, 221 – 226
PETERS, H. M. (1937): Experimentelle Untersuchungen über die Brutpflege von *Haplochromis multicolor,* einem maulbrütenden Knochenfisch. Z. Tierpsych., 201 – 218
PINTER, H. (1962): Beobachtungen über das Brutpflegeverhalten einiger *Apistogramma*-Arten. DATZ 11 – 13
RICHTER, H.-J. (1975): Ein Zwerg mit Schachbrett-Dessin *(Crenicara filamentosa).* AM 320 – 323
SCHMETTKAMP, W. (1977): *Apistogramma*-Arten aus Guyana, DCG 61 – 67
STAECK, W. (1973): Cichliden – Verbreitung, Verhalten, Arten. Pfriem, Wuppertal.
STAECK, W. (1975): Die Grundelbuntbarsche des Tanganjikasees, AM 140 – 147
STAECK, W. (1976): Drei wenig bekannte oder neue Zwergcichliden. DA 542 – 546
STAECK, W. (1976): Schlankcichliden, Bewohner der Geröll- und Felsregion. AM 74 – 79
VIERKE, J. (1973): *Apistogramma borelli.* AM 322 – 327
VIERKE, J. (1973): *Apistogramma reitzigi,* der Gelbe Zwergbuntbarsch. DA 168 – 170
VIERKE, J. (1974): Der klassische Zwergcichlide: *Apistogramma agassizi,* AM 139 – 143
VIERKE, J. (1975): *Hemihaplochromis philander dispersus.* DA 259 – 260
VIERKE, J. (1976): Zwerg unter Zwergen. Beobachtungen an *Apistogramma trifasciatum.* AM 298 – 301
VIERKE, J. (1976): *Apistogramma kleei* – ein Juwel unter den Zwergbuntbarschen. AM 472 – 475
WICKLER, W. (1966): Unerwartetes bei Zwergcichliden. DATZ 9 – 13
ZUKAL, R. (1973): Pflege und Zucht von *Haplochromis multicolor.* AM 333 – 335

Sachregister

Zeichenerklärung: (B) Bild